U0043979

AI 背 後 的

暗知識

機器如何學習、認知
與改造我們的未來世界

王維嘉——著

DARK KNOWLEDGE

How Machines Think,
Learn and Reshape Our Future?

AI背後的暗知識 (二版)

機器如何學習、認知與改造我們的未來世界

©王維嘉

書系｜知道的書Catch on!　書號｜HC0096R

原　著　者　王維嘉
行　銷　企　畫　廖倚萱
業　務　發　行　王綬晨、邱紹溢、劉文雅
總　編　輯　鄭俊平
發　行　人　蘇拾平

出　　　版　大寫出版
發　　　行　大雁出版基地
　　　　　　www.andbooks.com.tw
　　　　　　地址：新北市新店區北新路三段207-3號5樓
　　　　　　電話：(02)8913-1005　傳真：(02)8913-1056
　　　　　　劃撥帳號：19983379　戶名：大雁文化事業股份有限公司

二 版 一 刷　2023年12月
定　　　價　499元
版權所有・翻印必究
ISBN 978-626-7293-21-8
Printed in Taiwan・All Rights Reserved
本書如遇缺頁、購買時即破損等瑕疵，請寄回本社更換

國家圖書館出版品預行編目（CIP）資料

AI背後的暗知識：機器如何學習、認知與改造我們的未來世界／王
維嘉 著｜二版｜新北市｜大寫出版：大雁文化發行，2023.12
360面；14.8*20.9公分（知道的書Catch on!，HC0096R）
ISBN 978-626-7293-21-8（平裝）

1.CST: 人工智慧

312.83　　　　　　　　　　　　　　　　　　112015585

導讀

一場沉默的改變正在發生

　　一直以來人類的知識可以分為兩類：「明知識」和「默知識」（Tacit Knowledge，又稱隱性知識或內隱知識）。明知識就是那些可以用文字或公式清晰描述和表達出來的知識。默知識則是個人在感覺上能把握但無法清晰描述和表達的知識，也即我們常說的「只可意會，不可言傳」的那類知識。人類發明文字以來，積累的知識主要是明知識，因為只有明知識才可以記錄和傳播。直到大約 70 年前，人類才意識到默知識的存在。今天，人工智慧，特別是其中的一個重要流派──神經網路，突然發現了海量的、人類既無法感受又無法描述和表達的「暗知識」──隱藏在海量資料中的相關性，或者萬事萬物間的隱蔽關係。這些暗知識可以讓我們突然掌握不可思議的「魔力」，能夠做很多過去無法想像的事情。本書就是要清楚闡述機器學習發掘出了什麼樣的暗知識，為什麼機器能夠發現這些暗知識，以及這些暗知識對我們每個人會有什麼影響。

本書分為三個部分。第一部分包括第一、二、三章，其中第一章裡我們發現 AlphaGo（阿爾法圍棋）給我們帶來的最大震撼是人類完全無法理解機器關於下棋的知識。這個發現迫使我們重新審視人類對於「知識」的所有觀念。這一章回顧了 2500 年來人類所熟悉的明知識和直至大約 70 年前才注意到的默知識。近幾十年的腦神經科學的研究成果讓我們對知識的本質有了更清楚的認識，也回答了為什麼人類既無法感受，也無法理解機器發現的那些暗知識。這一章還分析了明知識、默知識和暗知識之間的區別，討論了為什麼暗知識的總量將遠遠超過人類能掌握的所有知識。

　　第二章介紹了機器是怎樣學習的，能學習哪些知識，同時介紹了機器學習的五大流派以及各流派從資料中挖掘知識的方法。

　　第三章則重點介紹了目前機器學習中最火的神經網路，包括神經網路的基本工作原理和目前在商業上應用最廣的幾種形態，以及各自適用的領域。有了這些基礎就可以判斷 AI（人工智慧）在各個行業的商業機會和風險。也只有理解了這些原理，才能真正理解暗知識的特點。為易於閱讀和照顧不同讀者的需求，在這一章中我們儘量用通俗的語言解釋這些工作原理，而把精確的技術原理介紹放在附錄裡。

　　第二部分（第四、五章）討論了 AI 對商業的影響。我們將看到機器發掘出來的暗知識對我們生活的直接影響。對於想把握 AI 商業趨勢的讀者來說，這部分的內容至關重

要。其中，第四章描述了當前的 AI 產業生態，第五章詳盡探討了哪些行業將面臨 AI 的顛覆，以及在不同行業的投資機會和陷阱。

第三部分（第六、七章）的內容是 AI 對未來和社會的影響。第六章重點討論目前還沒有商業化的，但可能更深刻影響我們的一些神奇的 AI 應用。第七章討論了機器和人的關係：機器能在多大程度上取代人的工作，會造成哪些社會問題（例如大面積失業）。

這兩章的主要目的是「開腦洞」，探討那些我們今天可能還看不到的更深遠的影響。本章也試圖回答人類的終極恐懼：機器人最終會控制人類嗎？本書的各個章節前後連貫，但也可以跳著讀，對於那些只對商業感興趣的讀者，可以跳過第二、三章直接讀第四、五章。

筆者在美國史丹佛大學讀博士期間做過人工智慧研究，後來在矽谷和中國創辦高科技公司，目前在矽谷專注於投資人工智慧。每年訪問調研上千家矽谷和中國的科技公司，接觸頂級大學最前沿的研究，這些都有助於筆者從大量的實踐中提煉出自己對行業的原創的分析和洞見，而不是人云亦云。

筆者長期對人類如何獲得知識感興趣，在投資、研究和寫作 AI 的過程中，發現了暗知識這樣一個人類以往未曾發現的領域。這個概念的提出一定會引起爭議，筆者歡迎讀者的批評並期待在批評和討論中進一步深化在這方面的認識。

本書的目標讀者是企業和政府工作人員及其他知識階層，包括學生。暗知識對人類的影響剛剛開始。從暗知識這個新視角出發，可以更深刻地理解這次 AI 巨浪。這波巨浪可能超過互聯網，許多行業都會深受影響。本書希望能回答「AI 對我的行業和職業會有什麼影響」。只有把 AI 的技術、趨勢和應用深入淺出地講清楚，讀者才可能舉一反三，理解 AI 對自己的影響。本書從筆者自己的投資實踐出發，希望能為在 AI 時代進行投資提供一些參考。在 AI 颶風裡泥沙俱下，魚龍混雜，會有大量的炒作，讀完本書可以幫助讀者辨別真偽，不會被輕易唬住。在今後 5 到 10 年，不論是風險投資／私募股權投資還是在公開股票市場投資都需要有這樣的辨別能力。

　　本書最後在討論人工智慧對整個社會的影響時也提出了一些未經檢驗的建議。每當讀到市面上科技類的書籍時，常被那些含混不清的描述所困擾。當年在史丹佛大學上課時留下的最深印象就是那些學科的開山鼻祖對自己學科理解之深入。他們能用最簡單的方式把最深奧的道理講明白，讓聽課的學生一下子就能理解一門學科的核心概念，而且一輩子不會忘記。從那以後，筆者就堅信，如果學生沒聽懂，一定是老師沒講明白。這本書希望用最通俗易懂的語言介紹暗知識和 AI。任何具有高中以上學歷的讀者如果有沒讀懂的地方，一定是因為筆者沒有寫明白。

　　今天每個人都要面對海量的資訊和知識，如何讓讀者花最少的時間獲取最大量的資訊和知識成為一個挑戰。筆

AI 背後的暗知識

者最欣賞的文章和書籍是那些沒有一句多餘的話的，這也是筆者寫作本書的目標之一。本書希望能夠做到讀者在機場書店買了這本書後能在下飛機前讀完，而且讀完之後可以清晰地判斷這場技術大浪對自己的影響。

王維嘉 ／ 2019 年 1 月 13 日，於矽谷

推薦序

「暗知識」和現代社會 / 金觀濤

　　自 2017 年 AlphaGo 大勝圍棋職業九段棋手柯潔,「人工智慧即將超越人類」的話題便進入大眾視野,迅即引起普遍的狂熱和焦慮。我認為,王維嘉這本《暗知識:機器如何學習、認知與改造我們的未來世界》的出版,是對這種情緒的有效清醒劑和解毒藥。

　　說這本書是清醒劑,是因為它極為簡明清晰地敘述了人工智能的科學原理及其技術實現,無論是神經網路結構,其自我學習的過程,還是深度學習和卷積(convolution)機制,《暗知識》比現在出版的任何一本書都講得更清楚、易讀。以人類認知為背景來解讀人工智慧,正好可以為當前人工智慧領域中泛起的非理性狂熱降溫。其實,早在 20 世紀 60 年代,控制論創始人維納(Norbert Wiener)的學生阿比布(Michael A. Arbib)在《大腦、機器和數學》(Brains, Machines, and Mathematics)一書中,已經清晰

地敘述了神經元網路數學模型和學習機原理，並講過這些原理有助於我們從「機器」中趕走「鬼魂」。阿比布講的「機器」是指大腦的記憶、計算和學習等功能，它們自笛卡兒以來被視為機器的有機體（生物），「鬼魂」則是指生物的本能和學習能力。而王維嘉的《暗知識》一書，「趕走」的不是以往所說的有機體的神秘性，而是對人工智慧研究和可能性的想像中的「鬼魂」，即誤以為當神經元網路的連接數量接近于人腦時，它們會湧現出如人類那樣的自我意識和主體性等。

人工智慧的神經元網路系統能做什麼？如上所說，早在它被做出來以前，數學家已經證明，無論神經元網路多麼複雜，它等價於有限自動機；而一個能和環境確定性互動（自耦合、回饋和自我學習）的有限自動機（神經元網路），只不過是某一種類型的圖靈機（通用電腦）。

也就是說，人工智慧革命之基礎──神經元網路的自我學習及其與環境互動所能達到的極限，都超不過圖靈機的行為組合。從 20 世紀下半葉至今，伴隨著人工智慧的快速、高度發展，關於它能否在未來某一天具有意識的討論，一直是在電腦和人腦差別的框架中展開的。我認為，只要發展出相應的數學理論，就能瞭解神經元網路學習已做出的和可能做的一切。但有一點是毫無疑問的，它不可能具有自我意識、主體性和自主性。

為什麼說這本書是解毒藥？因為維嘉在解釋為什麼人工智慧可以比人更多、更快地掌握知識（能力）時，把人

工智慧所掌握的資訊定義為「暗知識」，從而可以得出清晰的理論表述。我們首先要弄明白什麼是知識，知識就是人獲得的資訊。而人利用訊息（知識）離不開獲得資訊和表達資訊兩個基本環節，人獲得訊息是用感官感知（即經驗的），表達資訊是通過符號（語言）和對符號結構之研究（符號可以是非經驗的）。這樣，他根據「可否感知」和「可否表達」，把人可利用的知識分為如下四種基本類型：

第一、可感知亦可表達的知識。它包括迄今為止所有的科學和人文知識。

第二、不可感知但可表達的知識。任何經驗的東西都是可感知的，不可感知的就是非經驗的。有這樣的知識嗎？當然有。以數學為例，抽象代數的定理是正確的知識，但可以和經驗無關。人之所以為人，就在於可以擁有純符號的知織，它是理性的重要基礎。

第三、可感知但不可表達的知識。它包括人的非陳述性記憶和「默會知識」。

第四、不可感知亦不可表達的知識。這就是當前神經元網路通過學習掌握的知識。維嘉將這類大大超出了個別人所能記憶和學習的知識稱為「暗知識」。「暗知識」的提出，不僅是一項哲學貢獻，也為當前盛行的科學烏托邦提供了一劑解毒藥。

　　20 世紀社會人文研究最重要的成就，就是發現「默會知識」和市場的關係。人類可共用的知識都是可以用符號表達的知識，但它不可能包含每個人都具有的「默會知

識」。經濟學家利用「默會知識」的存在，證明了基於理性和科學知識的計劃經濟不可能代替市場機制。一個充分利用人類知識的社會，一定是立足於個人自主、互相交換自己的能力和知識所形成的契約組織。忽視所有個人具有的「默會知識」，把基於理性和可表達的知識設計出的社會制度付諸實踐，會出現與原來意圖相反的後果。哈耶克稱這種對可表達知識的迷信為「理性的自負」。今天隨著大資料的應用，這種理性的自負再一次出現在人工智慧領域。而「暗知識」的提出，擴大了不能用符號表達知識的範圍，進一步證明了哈耶克的正確性。所以，我說這本書是對當前理性自負的有效解毒藥。

維嘉在書中提出的另一個有意義的問題是「暗知識」會在何種程度上改變現代社會。正如該書副標題所說，這種新型知識大規模的運用，將會導致大量擁有專門知識和技能的人失業、一批又一批的行業消失，甚至連醫生專家都可能被取代。姑且不論這種預測是否準確，有一點是肯定的，即人工智慧必定會極大地改變我們賴以生存的社會。那麼，它會把人類社會帶到哪裡去？這正是人工智慧革命帶來的普遍焦慮之一。人工智慧對城市管理和對每個人私隱的掌握，是否會導致個人自由和隱私的喪失？由大資料和人工智慧高科技管理的社會，還是契約社會嗎？現代社會和傳統社會的本質不同就在於其高度強調個人的主體性和創造性，任何資訊的獲得、表達和應用都離不開個人的主體性和創造性。我認為，人工智慧可以具有掌握「暗知

識」的能力，但它不可能具有自我意識，當然亦無所謂主體性，它只能被人所擁有。因此，一個能允許知識和技術無限制進步的社會，仍然是建立在個人契約之上的。也就是說，無論科學技術發展到什麼程度，現代社會的性質不會因之而改變。

然而，我認為，人工智慧或許會使現代社會的科層組織的形式發生改變。為什麼現代社會需要科層組織？眾所周知，現代社會除了由法律和契約提供組織框架以外，還必須向所有人提供不同類型的公共事務服務，如治安、交通設施、教育、醫療等。為此就要設立處理不同類型事務的專門機構來管理社會，如軍隊和政府科層組織。科層組織之間功能的實現和協調，要利用符號表達的共用知識，因此，隨著現代社會的複雜化，必定出現技術官僚的膨脹。而人工智慧革命和「暗知識」的運用，必定會向社會管理層面深入。如果它運用得不好，會使現代社會生長出超級而無能的官僚機構的毒瘤；如果它運用得好，可以促使人更好地發揮自主性和創造性，甚至可以取代科層管理中不必要的機構。因此，我認為人工智慧將會在這一層面給現代社會帶來巨大影響。科層組織的形成和理性化的關係，是韋伯分析現代社會的最重要貢獻。在未來，隨著人工智慧對「暗知識」的掌握和運用向社會管理滲透，甚而替代，將會證明韋伯這一重要論斷不再成立。可惜的是，維嘉的《暗知識》一書忽略了人工智慧革命和現代社會官僚化關係的討論。科層組織的設立是基於理性（共用知識），人工

AI 背後的暗知識

智慧擅長的是掌握「暗知識」，如果從事社會公共事務管理的人員可以被掌握「暗知識」的人工智慧取代，科層組織還有存在的必要嗎？或者，它將以什麼樣的新形式存在？如果不再需要科層組織，未來無政府的現代社會將如何運行？這正是我們應該關注的，它需要人文和科學兩個領域的對話。

金觀濤 ／ 2019 年 2 月

寄語

　　我非常高興推薦這本書。這本書對機器學習的發明帶來的下一場工業革命進行了詳盡的分析。我希望這個技術將被用來使人類的生活更美好、更和平，並不再有戰爭。

史丹佛大學教授 伯納德 · 威德羅
2019 年 2 月 26 日於史丹佛

I am very pleased to recommend
this book. It is a very
thoughtful analysis of the
next industrial revolution,
that due to the invention
of machine learning. My
hope is that this technology
will be used to make human
life better, and peaceful. Good
life and no more war.

B. Widrow
Feb. 26, 2019

目錄

07　「神人」與「閒人」——AI 時代的社會與倫理

橫空出世—
暗知識的發現

正當人類自以為掌握了關於這個世界的海量知識時，一種能夠自我學習的機器給了我們當頭一棒：機器發現了一類人類既無法感受，也不能理解的知識。這類知識的發現，逼迫我們重新審視過去所有關於知識的觀念。我們回顧了 2500 年來在這個問題上的爭論：知識是通過經驗得到的還是通過推理得到的？直到大約 70 年前人們才注意到那些「只可意會，不可言傳」的默知識的重要性。但這些爭論在最新的腦科學研究結果面前都顯得膚淺和蒼白。最近幾十年的科學研究確認了認知的基礎是大腦神經元之間的連接。有了這個基礎，我們就很容易理解為什麼有些知識無法表達，也才能明白為什麼人類無法理解機器剛剛發現的這些暗知識。在此基礎上，我們終於可以清晰地區分這樣三類知識：人類能掌握的明知識和默知識以及只有機器才能掌握的暗知識。

驕傲的人類

也許是由於幾十萬年前人類遠古祖先某個基因的突變，人們開始可以把一些有固定意思的發音片段組裝成一個能表達更複雜意思的發音序列。這些發音片段今天我們叫作「單詞」，這個表達特定內容的發音序列今天我們叫作「句子」。這種「組裝」能力使人類用有限的單詞可以表達幾乎無窮多種意思，語言誕生了。有了語言的複雜表達能力，人類的協作能力開始迅速提高，可以幾十人一起圍獵大型動物，很快人類就上升到地球生物鏈的頂端。作為記錄語言的符號文字的發明可以讓人類更方便地傳播、記錄和積累經驗。任何一個地方的人類偶然發現的關於生存的知識都會慢慢傳播開來。一萬年前，農業起源於今天的埃及、敘利亞和伊拉克的肥沃新月帶，這些種植經驗在幾千年中傳遍全世界，隨之而來的是人類迅速在地球所有適宜農耕的角落定居繁衍。

隨著定居的人類數量的增加，人類的組織開始變得更大更複雜，從親緣家族到部落，到城邦，再到國家。大規模的複雜組織可以開展大規模的複雜工程，如建設城市、廟宇和大規模灌溉系統。這些大規模工程需要更多的天文和數學知識。世界上幾乎所有的古老文明都積累了許多天文知識，但只在希臘半島誕生了現代科學的奠基石數學。歐幾里得（Euclid，西元前 330～前 275）在西元前 300年總結了他前面 100 年中希臘先哲的數學成果，寫出了人

AI 背後的暗知識

類歷史上最偉大的書之一《幾何原本》（Elements）。這本書在中世紀由波斯裔的伊斯蘭學者翻譯成阿拉伯文，又從阿拉伯傳回文藝復興前的歐洲，直接影響了從哥白尼（Nicolaus Copernicus, 1473~1543）到牛頓（Isaac Newton, 1643~1727）的科學革命。

發軔於 16 世紀的科學革命的本質是什麼？是發現更多的知識嗎？是創造出更多的工具嗎？都不是。科學革命的本質是找到了一個可靠的驗證知識的方法。

最能體現科學革命本質的就是天文學家開普勒（Johannes Kepler, 1571~1630）發現三定律的過程。最初，在作為主流的托勒密（Ptolemy, 90~168）地心說越來越無法解釋天體觀測數據時，哥白尼提出了日心說，用新的模型解釋了大部分過去無法解釋的資料。與伽利略（Galileo Galilei, 1564~1642）同時代的天文學家第谷·布拉赫（Tycho Brahe, 1546~1601）沒有接受哥白尼的日心說，他提出了「月亮和行星繞著太陽轉，太陽帶著它們繞地球轉」的「日心——地不動」說。遺憾的是，他傾盡畢生心血觀察了 20 年的天文資料，直到去世都始終無法讓觀測到的資料與自己的模型相吻合。

在第谷去世後，第谷的助手開普勒拿到了他的全部資料，開普勒完全接受了哥白尼的日心說。他為了讓資料與日心說完全吻合，把哥白尼的地球公轉的圓形軌道修正為橢圓軌道，太陽在橢圓的一個焦點上。這就是開普勒第一定律。他用相同的方法發現了其他兩個定律。開普勒三定

律不僅完滿解釋了第谷的所有觀測資料，並且能夠解釋任何新觀測到的資料。這個發現過程有三個步驟：

第一，積累足夠的觀測資料（第谷 20 年的觀測資料）；

第二，提出一個先驗的世界模型（哥白尼的日心說）；

第三，調整模型的參數直至能夠完美擬合已有的資料及新增資料（把圓周軌道調整為橢圓軌道，再調整橢圓軸距以擬合數據）。

驗證了這個模型有什麼用？最大的用處就是可以解釋新的資料或做出預測。在這裡開普勒三定律就是新發現的知識。發現知識的可靠方法就是不斷修改模型使模型與觀測資料完全吻合。

上面這三個步驟奠定了現代科學的基本原則，正式吹響了科學革命的號角，直接導致了後來的牛頓萬有引力的發現，一直影響到今天。

過去 500 年中人類對世界的認識突飛猛進，今天大到宇宙，小到夸克（夸克是一種基本粒子，也是構成物質的基本單位）都似乎盡在人類的掌握之中。人類可以上天、入地、下海，似乎無所不能。人類有了「千里眼」「順風耳」，甚至開始像「上帝」一樣設計新的物種，並企圖改變人類進化的進程。人類有理由相信沒有什麼知識是不能理解的，也沒有什麼知識是不能被發現的…直到 2016 年 3 月 15 日。

天才的哽咽

2016 年 3 月 15 日，美國谷歌公司的圍棋對弈程式 Alpha Go 以五局四勝的成績戰勝世界圍棋冠軍韓國選手李世石。一時間這個消息轟動世界，全世界有 28 億人在關注這場比賽，在中國更是引起極大的轟動。人們感覺 AlphaGo 就像從石頭縫裡蹦出來的孫悟空一樣，完全無法理解一台機器如何能夠打敗世界圍棋冠軍。圍棋歷來被認為是人類最複雜的遊戲之一。圍棋每一步的可能的走法大約有 250 種，下完一盤棋平均要走 150 步，這樣可能的走法有 250150=10360 種，而宇宙從誕生到現在才 1017 秒，即使是現在世界上最快的超級電腦，要想把所有走法走一遍，計算時間也要比宇宙年齡都長。即使排除了大部分不可能的走法也是大到無法計算。機器是怎樣學會這麼複雜的棋藝的？

這場比賽後，世界排名第一的棋手柯潔在網上說：「AlphaGo 勝得了李世石，勝不了我」。而 2017 年 5 月 28 日，棋手柯潔以 0：3 完敗 AlphaGo，徹底擊碎了人類在這種複雜遊戲中的尊嚴。賽後，這位天才少年一度哽咽，在接受採訪時柯潔感歎，AlphaGo 太完美，看不到任何勝利的希望。他流著眼淚說：「我們人類下了 2000 年圍棋，連門都沒入」。中國棋聖聶衛平更是把 AlphaGo 尊稱為「阿老師」，他說：「AlphaGo 的著數讓我看得如醉如癡，圍棋是何等的深奧和神秘。AlphaGo 走的順序、時機掌握得非

常好。它這個水準完全超越了人類，跟它挑戰下棋，只能是找死。我們應該讓阿老師來教我們下棋」。他還說：「阿老師至少是 20 段，簡直是圍棋上帝」。

當人們以為這是對弈類程式的高峰時，AlphaGo 的研發團隊 Deep Mind（谷歌收購的人工智慧企業，位於倫敦）團隊再度打破了人類的認知。2017 年 12 月，Deep Mind 團隊發佈了 AlphaGo Zero。AlphaGo Zero 使用了一種叫作「強化學習」的機器學習技術，它只使用了圍棋的基本規則，沒有使用人類的任何棋譜經驗，從零開始通過自我對弈，不斷地迭代升級，僅僅自我對弈 3 天后，AlphaGo Zero 就以 100：0 完勝了此前擊敗世界冠軍李世石的 AlphaGo Lee 版本。自我對弈 40 天後，AlphaGo Zero 變得更為強大，超過了此前擊敗當今圍棋第一人柯潔的 AlphaGo Master（大師版），這台機器和訓練程式可以橫掃其他棋類。經過 4 個小時的訓練，打敗了最強國際象棋 AI Stockfish，2 個小時打敗了最強將棋（又稱為日本象棋）AI Elmo。

AlphaGo Zero 證明了即使在最具有挑戰性的某些領域，沒有人類以往的經驗或指導，不提供基本規則以外的任何領域的知識，僅使用強化學習，僅花費很少的訓練時間機器就能夠遠遠超越人類的水準。

機器發現了人類無法理解的知識

AlphaGo Zero 給我們的震撼在於人類 2000 多年來一代

代人積累的一項技藝在機器眼裡瞬間變得一文不值！為什麼會這樣？圍棋中的可能走法比宇宙中的原子數都多，而人類 2000 多年中高水準對弈非常有限，留下記錄的只有幾萬盤。這個數字和所有可能走法比，就像太平洋裡的一個水分子。而 AlphaGo Zero 以強大的計算能力，在很短的時間裡探索了大量的人類未曾探索過的走法。人類下棋的路徑依賴性很強，人生有限，想成為高手最穩妥的辦法是研究前人的殘局，而不是自己瞎摸索。但 AlphaGo Zero 在下棋時，不僅一開始的決策是隨機的，即使到了大師級後，也故意隨機挑選一些決策，跳出當前思路去探索更好的走法，新發現的許多制勝走法都是人類從未探索過的，這就是很多走法讓聶衛平大呼「看不懂」的原因。

AlphaGo Zero 給我們的震撼在於三個方面：首先，人類能發現的知識和機器能發現的知識相比，就像幾個小腳老太太走過的山路和幾百萬輛越野車開過的山路。越野車的速度就是電腦和 AI 晶片處理速度，目前繼續以指數速度在提高。其次，和機器可能發現的知識相比，人類知識太簡單、太幼稚，機器談笑風生，比人不知道高到哪裡去了。最後，機器發現的知識不僅完全超出了人類的經驗，也超出了人類的理性，成為人類完全無法理解的知識。

2500 年前最有智慧的希臘哲人蘇格拉底（Socrates, 西元前 469~ 前 399）終其一生得出一個結論：「我唯一知道的是我什麼都不知道」。他的學生柏拉圖（Plato，西元前 427～前 347）認為我們感官觀察到的世界只是真正世界的

影子而已。18 世紀偉大的哲學家康德也仰望星空，發出了「我們到底能知道什麼」的千古之問。但古代哲人只能模糊地感覺到人類認識的局限。今天，AlphaGo Zero 不僅清晰、具體地把他們的疑慮變成了鐵的事實，而且先哲怎麼也想不到人類的認識能力是如此有限！

你會質疑說：這不算什麼震撼吧，人類早就知道我們已知的很少，未知的很多。但這個下圍棋的例子告訴你：已知的是幾萬盤殘局，未知的是 10360 種可能走法，兩者相差幾百個數量級！（不是幾百倍，是幾百個數量級，一個數量級是 10 倍。）你學過機率和統計，繼續不服：我們早就知道組合爆炸。沒錯，但我們知道未知的組合爆炸裡有比人類已經獲得的知識高深得多的知識嗎？ AlphaGo Zero 是第一次活生生地證明了這點。聽說過火山爆發和在現場看到的感覺能一樣嗎？

當然最震撼的就是第三個方面。我們也許知道我們不知道很多，甚至能用邏輯推斷出未知知識裡有比已知知識更高深的知識，但我們怎麼也想不到這些知識是人類根本無法理解的。這是人類歷史上第一次遇到這樣的問題，我們給自己造了個「上帝」！這件事對哲學和認識論的衝擊空前，人類突然不知所措，影響還在發酵，後果不可評估。

「理解」的意思是要麼能用感覺把握事物間的關係，要麼能用概念把經驗表達出來，或者用邏輯把事物間的關係表達出來。無法理解就等於既無法感受又無法表達。

也就是說，機器發現了人類既無法感受也無法表達的

AI 背後的暗知識

知識。用更通俗的話說就是，機器發現了那些既無法「意會」又無法「言傳」的知識。

　　一個無法理解的知識的表現形式是什麼樣的？如果無法理解又怎麼判斷它就是知識？當我們想回答上面的問題時，我們發現必須重新審視什麼是「知識」。人類過去幾千年是怎樣獲得知識的，獲得了什麼樣的知識？就像每次科學上的重大發現都要迫使我們重新審視過去習以為常的觀念一樣，今天機器的震撼讓我們必須重新審視過去所有關於「知識」的基本理念。人類獲得知識的行為就是認知。過去我們對世界的認識局限主要來自觀察能力。在望遠鏡發現之前，第谷根本無法觀測行星運動，當然更談不上記錄資料，也不會有後來的開普勒定律和牛頓萬有引力定律。在顯微鏡發明之前，我們不可能發現微生物，一切關於細胞和基因的發現都無從談起。今天誰能花 1000 萬美元買一台冷凍電子顯微鏡，誰就可以看到別人看不到的分子晶體結構，就可以經常在《自然》（Nature）雜誌上發表文章。隨著新的觀察儀器的出現和已有觀察儀器的改進，我們對世界的認識還會不斷深入。

　　我們對世界認識的第二個局限來自解釋能力。所謂解釋能力就是發現事物間的因果關係或者相關性並能夠表達出來。即使我們能觀察到許多現象，如果我們無法解釋這些現象則還是無法從這些觀察中獲得知識。例如第谷雖然有大量觀測資料，但終其一生沒有找到一個能解釋資料的正確模型。又如我們觀察到人有語言能力而黑猩猩沒有，

但不知道為什麼，僅僅是知道這個現象而已。

人類幾千年來關於知識的爭論正是圍繞著「觀察」還是「解釋」展開的。

理性主義和經驗主義之爭

自從 5000 年前兩河流域的蘇美爾人發明了人類最早的文字楔形文字以來，人類一直在記錄和積累知識。但直到 2500 年前希臘人才開始系統地研究關於知識的學問。在這個問題上，一直有兩大流派：理性主義和經驗主義。

第一個開啟了理性主義的人是蘇格拉底。人類此前的大部分「知識」要麼從宗教教義中來，要麼從傳統習俗中來。人們從生下來就不加懷疑地接受了這些東西。而蘇格拉底則要一一審視這些東西。蘇格拉底說我們都希望有一個「好」的人生，但到底什麼是「好」什麼是「壞」呢？不去質疑，不去深究你怎麼知道呢？所以深究和道德是不可分割的，不去深究我們身邊的世界不僅是無知而且是不道德的，所以他的結論是：一個未經深究的人生根本就不值得過。他平時沒事就跑到大街上拉住人詰問：「什麼是正義？」「什麼是善？」「什麼是美？」每當人們給他個定義時，他都能舉出一個反例。他這種深究思辨影響了無數代人。後來當他的學生柏拉圖把「人」定義為「沒有毛的雙足動物」時，當時的另一位哲學家提奧奇尼斯馬上拿來一隻拔光了毛的雞說：「大家請看柏拉圖的（人）！」經

過一生的深究，蘇格拉底得出結論「我唯一知道的是我什麼也不知道」。蘇格拉底式思辨震撼了當時的社會，傳統勢力認為這樣會搞亂人心，當政者用「腐蝕青年思想罪」判處他死刑，他最終飲毒酒身亡。他一生全部用來和人辯論，沒有留下任何著作。幸虧他的學生柏拉圖把老師的辯論編輯成了傳世之作《對話錄》。正是蘇格拉底開啟了通過邏輯思辨來驗證知識的希臘傳統。

如果說是蘇格拉底開了理性主義的先河，他的弟子柏拉圖就是理性主義集大成的鼻祖。蘇格拉底的思辨主要集中在道德哲學領域，探究什麼是「公平」和「善」。而柏拉圖則對他的先輩畢達哥拉斯（Pythagoras，約西元前570～前495）開創的數學傳統深為折服。柏拉圖的學說深受數學嚴格推理的影響。他甚至在他創辦的學宮門口掛了個牌子：「不懂幾何者不得入內」。柏拉圖學說的核心是「理想原型」。他說，世界上每一條狗都不一樣，我們為什麼認為它們都是狗？人類心中一定早有一個關於狗的理想原型。我們知道三角形的內角之和等於 180 度，但我們從未見過一個完美的三角形。他認為人類的感官無法觸及這些理想原型，我們能感受到的只是這些理想原型的失真拷貝。真實世界就像洞穴外的一匹馬，人類就像一群背對著洞口的洞穴人，只能看到這匹馬在洞穴壁上的投影。柏拉圖奠定了理性主義的兩大基礎知識（理想原型）是天生的；感官是不可靠的，並由此推出理性主義的結論：推理而不是觀察，才是獲取知識的正確方法。

亞里斯多德（Aristotle，西元前 384～前 322）17 歲進入柏拉圖的學宮當學生，當時柏拉圖已經 60 歲了。亞里斯多德在學宮裡待了 20 年，直到他的老師柏拉圖去世。亞里斯多德對老師非常尊敬，但他完全不同意老師的「理想原型」是先天的。他認為每一條狗都帶有狗的屬性，觀察了許多狗之後就會歸納出狗的所有屬性。這個「理想原型」完全可以通過後天觀察獲得，而不需要什麼先天的假設。柏拉圖酷愛數學，而亞里斯多德喜歡到自然中去觀察植物和動物。兩人的喜好和經歷是他們產生分歧的重要原因之一。亞里斯多德認為：知識是後天獲得的，只有通過感官才能獲得知識。正是亞里斯多德開了經驗主義的先河。

　　經驗主義這一派後世的著名代表人物有英國的洛克（John Locke, 1632~1704），貝克萊（George Berkeley, 1685~1753）和休謨（David Hume, 1711~1776），貝克萊認為人生下來是一張白紙，所有的知識都是通過感官從經驗中學來的。但理性主義則認為，經驗根本不可靠。英國哲學家羅素（Bertrand Russell, 1872~1970）有個著名的「火雞經驗論」。火雞從生下來每天都看到主人哼著小曲來餵食，於是就根據經驗歸納出一個結論：以後每天主人都會這樣。這個結論每天都被驗證，火雞對自己的歸納總結越來越自信，直到感恩節的前一天晚上被主人宰殺。理性主義者還問：眼見為實嗎？你看看圖 1.1 中的橫線是水平的還是傾斜的？

　　理性主義的後世代表人物則有法國的笛卡兒（Rene

圖 1.1 視錯覺圖（圖中所有橫線都是水平的）

Descartes,1596~1650）和德國的萊布尼茨（Gottfried
Leibniz,1646~1716）。笛卡兒有句名言「我思，故我在」，
我的存在這件事不需要經驗，不需要別人教我，我天生知
道。萊布尼茨是和牛頓一樣的天才，他和牛頓同時發明了
微積分，也是二進位的發明人，還發明了世界上第一台手
搖計算器。他認為世界上每個事物都包含了定義這個事物
的所有特性，其中也包含了和其他事物的關係。從理論上
我們可以用推理的方法預測全宇宙任何一點，過去和未來
任何時間的狀態 。[1]

　　理性主義認為，感官根本不靠譜，最可靠的是理性，

1　我在史丹佛大學的博士生指導教授是 1959 年麻省理工學院的博士，從我
的導師上溯到第 6 代是大數學家高斯，到第 11 代就是萊布尼茨，這麼算，我
算萊老的第 12 代「學孫」。

基於公理嚴格推導出來的幾何定理永遠都不會錯。理性主義找出更多的例子來說明人類的最基本的概念是天生的。例如自然數，我們怎麼學會「1」這個概念的？拿了一個蘋果告訴你「這是一個蘋果」；又給你拿了個橘子告訴你「這是一個橘子」。但蘋果是蘋果，橘子是橘子，兩者沒關係，你怎麼就能抽象出「1」這個概念來呢？又比如我們可以根據直角三角形的特點推導出畢氏定理，又進一步發現世界上居然有無法用分數表達的無理數。這種革命性的發現完全不依賴感覺和經驗。小孩一出生就知道這個球不是那個球，這條狗不是那條狗，這個「同一性」是理解世界最基本的概念，沒人教他。

我們注意到理性主義有一個隱含的假設，就是因果關係。在萊布尼茨的世界裡，一件事會導致另外一件事，所以才有可能推導。經驗主義當然不服，休謨就問，一件事發生在另外一件事之後，兩者未必有因果關係。譬如我把兩個鬧鐘一個設在 6:00，一個設在 6:01，能說後面的鈴聲響了是前一個造成的嗎？理性主義不僅認為事物間有因果關係，而且認為通過邏輯推理可以得到很多知識。譬如歸納推理：太陽每天早上都會升起。但休謨就質問：你能像證明數學定理一樣證明太陽明天會升起嗎？不能吧。那能觀察嗎？明天還沒到來顯然不能觀察，那你憑什麼說明天太陽一定升起，我要說明天不一定升起錯在哪裡了？我們看到休謨挑戰的是歸納背後的假設：事物運動規律不變，在這裡就是說地球和太陽系的運動不會改變。休謨最後說，

物理世界沒什麼因果，沒什麼必然，你最多能根據以往的經驗告訴我：明天早上太陽還可能升起。

這兩派從 17 世紀吵到 18 世紀，這時候在德國偏僻的海德堡出現了一個小個子鄉村秀才。他說，你們雙方似乎都有道理，我來整合一下看看。他就是哲學史上最有影響力的康德（Immanuel Kant,1724~1804）。康德說，沒錯，我們當然要通過感官去理解世界。但我們對事物的理解包括這個事物的具體形態和它的抽象概念。譬如眼前這本書，一本書的具體形態千變萬化，但「書」這個概念就是指很多頁有字的紙裝訂在一起的一個東西。我們說「面前有這本書」的意思到底是什麼？那至少要說現在幾月幾日幾點幾分，在某市某區某社區幾號樓幾號房間的哪個桌子上有這本書，也就是理解一個具體的東西離不開時間和空間的概念。但誰教給你時間和空間了？你媽從小教過你嗎？你教過你孩子嗎？好像都沒有，我們好像天生就懂。所以康德說，你看，必須有這些先天就有的概念你才能理解世界。我們好像天然知道「書」是個「東西」，「東西」是一種不依賴我們的獨立存在。誰教給我們「東西」這個概念的？沒人，好像又是天生就懂嗎？康德整合了經驗主義和理性主義，他的一句名言是「沒有內容的思維是空洞的，沒有概念的感知是盲目的。只有把兩者結合我們才能認識世界」。

在 2500 年的辯論中，經驗主義當然不會否認數學中通過嚴格推理得出來的結論的可靠性，理性主義也不得不承

認認知物理世界離不開感官。那麼這場打了 2500 年的嘴仗到底在爭什麼呢？問題出在理性主義者企圖把數學世界裡證明定理這樣的絕對可靠性推廣到物理世界，也即他們企圖找到一個檢驗知識的普遍的標準，能夠適用於所有領域。數學（例如幾何學）是建構在公理之上的一個自洽而完備的系統（至少對自然數和幾何是如此）。所謂自洽就是說，在這個系統裡只要從公理出發就不會推導出互相矛盾的結論；所謂完備就是說，在這個系統裡任何一個命題都是可以證實或證偽的。而亞里斯多德時代的自然科學的可靠性判斷標準是「觀察與模型符合」，即觀察到的自然現象和事先假設的模型的預測結果相符合。這種物理真實性的判斷標準和數學中的判斷標準完全不同。所以經驗主義覺得硬要把數學中的可靠性標準搬到自然科學中來不適用，或者說經驗主義認為在自然科學領域只能依賴感官。因此這場爭論是不對稱的：理性主義要從數學攻入自然科學，而經驗主義死守自然科學的陣地。兩方掰扯不清的另一個原因是誰都不知道感官和認知的本質是什麼，或者說知識的本質是什麼。雙方根據自己的猜測和假設激烈辯論，一直到 20 世紀 50 年代人們對大腦的研究才取得突破。

知識的生物學基礎神經元連接

你會發現，所有認知的基礎都是記憶，如果沒有記憶的能力，觀察、理解、推理、想像等其他所有認知行為都

不會存在，甚至不會有情緒。一個患阿爾茨海默病的人，面部甚至逐漸失去表情。人類胎兒在 30 周後就開始了最初的記憶，嬰兒從剛生下就能分辨出母親的聲音了。

　　如果認知的基礎是記憶，那麼記憶的基礎又是什麼呢？你仔細想想，記憶其實就是一種關聯。你在學「o」這個字母時，是把一個圓圈的圖像和一個「歐」的發音關聯起來。那這種關聯在大腦中是如何形成的呢？

　　這種關聯是通過我們大腦中神經元之間的連接形成的。

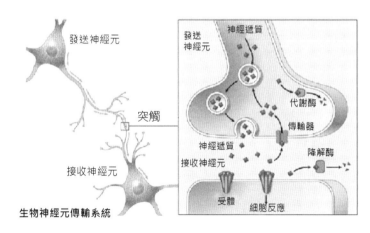

圖 1.2 大腦神經元和突觸的結構
圖片來源：https://www.researchgate.net/figure/Generic-neurotransmitter-system_fig1_318305870。

大腦有大約 1000 億個神經元，一個神經元可以從許多其他神經元接收電脈衝訊號，同時也向其他神經元輸出電訊號。

　　如圖 1.2 所示，每個神經元都能輸出和接收訊號。負責輸出的一端叫「軸突」，負責接收的一端叫「樹突」。每個

神經元都有幾千個樹突，負責從不同的神經元接收訊號。同樣，每個神經元的輸出訊號可以傳給和它相連的幾千個神經元。那麼這個最初的訊號是從哪裡來的呢？通常都來自感覺細胞，如視覺細胞、聽覺細胞等。

那神經元之間是怎麼連接的呢？一個神經元的軸突和另外一個神經元的樹突之間有 20 納米（一根頭髮絲的 1/2000）的小縫隙，這個縫隙叫「突觸」。圖 1.2 的右半部分就是放大了的突觸。它保證了兩個神經元各自獨立，不會粘在一起。記憶的主要奧秘就藏在這裡。在這個連接的地方前一個神經元的電訊號會轉化成化學物質傳遞到下個神經元，下個神經元接收到化學物質後又會再轉成電訊號。不同的突觸面積大小不同，化學物質的傳遞速度和量不同，因而造成有些突觸是「貌合神離」，相互之間並沒有電訊號通過；有些則是「常來常往」，經常有訊號通過。

你一定聽說過俄國生理學家巴甫洛夫（Ivan Pavlov,1849~1936）的條件反射實驗。受到條件反射的啟發，加拿大心理學家赫布（Donald Hebb,1904~1985）在 1949 年提出了一個大膽的猜想。他認為當大腦中兩個神經元同時受到刺激時，它們之間就會建立起連接，以後其中一個神經元被激發時會通過連接讓另一個神經元也被激發。譬如在巴甫洛夫對狗的實驗中，送食物的時候同時搖鈴，搖鈴刺激了聽覺神經元，食物味道刺激了嗅覺神經元並且導致分泌唾液，聽覺和視覺神經元同時受到刺激，它們之間就建立了連接，一個神經元的激發會導致另一個神經元

的激發。經過多次反復，它們的連接會越來越穩定。以後即使沒有送食物，狗只要聽到搖鈴就像聞到食物一樣會分泌唾液。人也是一樣，比如說一個小孩被火燙過一次就能把「火」和「疼」聯繫起來。當小孩看見火時，他大腦中負責接收視覺訊號的神經元被激發了，與此同時他的手感覺到燙，於是他大腦中負責接收皮膚感覺細胞的神經元也被激發了。如果看到火和感覺到疼這兩件事同時發生，那麼這兩個神經元細胞就連通了，也就是有訊號通過了。下次這個孩子見到火，馬上會想到疼，因為當負責看到火的神經元被激發後，馬上會把訊號傳給負責「疼」這種感覺的神經元，就能讓小孩想到疼。刺激越強，神經元的連接就越穩固。孩子被火燙過一次手就永遠記住了，再也不會去摸火；有些刺激很弱，連接就不穩固，長時間不重複就會斷開。例如背英文單詞，重複的刺激越多，訊號的傳遞速度就越快。比如一個籃球運動員對飛過來的籃球的反應比普通人快很多，一個空軍飛行員對飛機姿勢和敵人導彈的反應都比普通人快，這些都是反復訓練出來的。所謂赫布猜想，本質上是通過建立神經元之間的連接從而建立起不同事物之間的聯繫。後來這個猜想被科學家反復證實，就成了現在我們常說的赫布學習定律。

赫布定律揭示了記憶或者說關聯的微觀機制，啟發了好幾代電腦科學家，他們開始用電子線路模仿神經元，然後用許多電子神經元搭建越來越大的神經元網路，今天這些神經網路的記憶和關聯能力已經遠遠超過了人類，許多

機器的「神蹟」大都源於這種超強的記憶和關聯能力。在第三章，我們會介紹為什麼神經網路的超強記憶和關聯能力會轉化為不可思議的「超人」能力。

這些在大腦中由神經元的連接形成的關聯記憶又可以分為兩類：可表達的和不可表達的。

可表達的「明知識」

目前，腦神經科學的最新研究發現，可表達的記憶並不是對應著一組固定神經元的連接，而是大致地對應於散佈在大腦皮層各處的一些連接。原因是用來表達的語言和文字只能是體驗的概括和近似。這類可以用語言表達或數學公式描述的知識就是人類積累的大量「正式知識」，也可以稱為「明知識」。它們記載在書籍、雜誌、文章、音訊等各種媒體上。要想把某種關聯表達出來，人類唯一的方法是通過語言和符號。語言和符號表達的第一個前提是要有概念。所謂概念就是某個特定的發音或符號穩定地對應於一個事物或行為。大部分的名詞和動詞都是這樣的概念。第二個前提是每個概念都不同於其他概念，貓就是貓，狗就是狗，不能把貓叫成狗，或者把狗叫成貓，兩者要能區分開。這叫「同一律」。第三個前提是貓不能同時也不是貓，黑不能同時也是白。這叫「不矛盾律」。有了這些基本前提，根據已知的事物間的關係我們就可以推導出新的知識或者論證一個決定的合理性。推理、假設、聯想，這些本

質上都是建立在語言之上的思維活動，沒有語言就完全無法思維。所有的正常思維都要借助概念，要遵循「同一律」和「不矛盾律」。語言是人類和所有動物的最大區別。黑猩猩可以學會很多概念，譬如「我」「吃」和「香蕉」等，但無論實驗人員如何訓練黑猩猩，它們都無法組合出「我要吃香蕉」這樣的句子。人的語言能力的本質是什麼？它的生物學基礎是什麼？語言和自我意識是什麼關係？目前這些都還不清楚。但我們知道，人類語言是不精確的，越基本的概念越不容易定義清楚，像「公平」「理性」等。人類語言中有大量含混和歧義的表述，像「今天騎車子差點滑倒，幸虧我一把把把把住了」。

英國哲學家羅素企圖把語言建立在精確的邏輯基礎之上，他用了幾百頁紙的篇幅來證明 1+1=2。德國哲學家維特根斯坦（Ludwig Wittgenstein,1889~1951）認為人類有史以來幾乎所有的哲學辯論都源於語言的模糊不清，因而沒有任何意義。他認為在世界中只有事實有意義，在語言中只有那些能夠判斷真偽的論斷才能反映事實。他的結論是：我們的語言受限，因而我們的世界受限。

為什麼語言的表達能力受限？用資訊理論的方法可以看得很清楚。我們大腦接收的環境訊息量有多大？一棵樹、一塊石頭、一條狗都包含幾十 MB（百萬位元組）甚至幾十 GB（千百萬位元組）的數據，我們的感覺接收神經元雖然大大簡化了這些資訊，但它們向大腦傳導的訊息量仍然非常大，表 1.1 是各個感覺器官每秒鐘能向大腦傳遞的訊

感官系統	Bit/ 秒
眼睛	10 000 000
皮膚	1 000 000
耳朵	100 000
嗅覺	100 000
味覺	1 000

表 1.1 人體各個感官向大腦傳送資訊的速率
資料來源：https://www.britannica.com/science/information-theory/
Physiology。

息量。

　　大腦存儲這些資訊的方式是神經元之間的連接，大腦在存儲時可能進一步簡化了這些資訊，但它們的訊息量仍然遠遠大於我們語言所能表達的訊息量。人類語言的最大限制是我們的舌頭每秒鐘只能嘟嚕那麼幾下，最多表達幾十個比特的意思。（比如讀書，我們平均每分鐘能讀 300 字，每秒讀 5 個字 =40 比特。）這樣大腦接收和存儲的資訊與能用語言表達出來的訊息量就有 6 個數量級的差別。也就是說極為豐富的世界只能用極為貧乏的語言表達。許多複雜事物和行為只能用簡化了的概念和邏輯表達。這就是人類語言的基本困境。

只可意會的「默知識」

　　由於舌頭翻卷速度嚴重受限，以神經元連接形式存在

AI 背後的暗知識

大腦中的人類知識只有極少一部分可以被表達出來。而絕大部分知識無法用語言表達，如騎馬、打鐵、騎自行車、琴棋書畫，察言觀色、待人接物、判斷機會和危險等。這些知識由於無法記錄，所以無法傳播和積累，更無法被集中。英籍猶太裔科學家、哲學家波蘭尼（Michael Polyani,1891~1976）稱這些知識為「默會知識」或者「默知識」。波蘭尼舉了騎自行車的例子。如果你問每個騎自行車的人是怎麼保持不倒的，回答會是「車往哪邊倒，就往哪邊打車把」。從物理學上可以知道，當朝一個方向打把時會產生一個相反方向的離心力讓車子平衡。甚至可以精確計算出車把的轉彎半徑應該和速度的平方成反比。但哪個騎自行車的人能夠知道騎車的速度呢？即使知道誰又能精確地把轉彎半徑控制在速度平方的反比呢？所有騎自行車的人都是憑身體的平衡感覺左一把右一把地曲折前進。世界上大概沒有一個人學騎自行車是看手冊學會的，事實上也沒有這樣的學習手冊。大部分技能類的知識都類似。

默知識和明知識主要有以下四點區別：

（1）默知識無法用語言和文字描述，因此不容易傳播，無法記錄和積累，只能靠師傅帶徒弟。像大量的傳統工藝和技能，如果在一代人的時間裡沒人學習就會從歷史上徹底消失。

（2）獲取默知識只能靠親身體驗，傳播只能靠人與人之間緊密的互動（你第一次騎自行車時你爸在後面扶著）。而這種互動的前提是相互信任（你不敢讓陌生人教你

騎自行車）。獲得默知識必須有反饋迴路（騎自行車摔了跤就是姿勢錯了，不摔跤就是姿勢對了）。

（3）默知識散佈在許多不同人的身上，無法集中，很難整合，要想使用整合的默知識需要一群人緊密協調互動。由於無法言傳，所以協調極為困難（比如雜技疊羅漢）。

（4）默知識非常個人化。每個人對每件事的感覺都是不同的，由於無法表達，因而無法判斷每個人感覺的東西是否相同。

基於對默知識的理解，奧地利經濟學家哈耶克（Friedrich Hayek,1899~1992）論證了市場是最有效的資源配置形式。因為市場上的每個人都有自己不可表達的、精微的偏好和細膩的需求，而且沒人能夠精確完整地知道其他人的偏好和需求，也就是說供需雙方實際上無法直接溝通。供需雙方最簡潔有效的溝通方式就是通過商品的價格。在自由買賣的前提下，市場中每個人只要根據價格訊號就可以做出決定。價格可以自動達到一個能夠反映供需雙方偏好和需求的均衡點。一個價格數字，就把供需雙方的無數不可表達的資訊囊括其中。這種「溝通」何其簡潔，這種「協調」何其有效，這種自發形成的秩序何其自治。哈耶克根據同樣的道理論證了國家或政府永遠都無法集中這些不可表達的分散訊息。

在機器學習大規模使用之前，人類對於默知識沒有系統研究。但現在我們發現機器非常擅長學習默知識。這就

給我們提出了三個嚴肅的問題。

（1）默知識在所有知識中占比有多大？

（2）默知識在人類社會和生活中有多大用處？

（3）如何使用默知識？

第一個問題的簡單粗暴回答是：默知識的量遠遠大於可陳述的明知識。原因是事物的狀態很多是難以觀察的，更多是不可描述的。人類的描述能力非常有限，只限於表達能力極為有限的一維的語言文字。在所有已經產生的資訊中，文字只占極少的比例，大量的資訊以圖片和影片方式呈現。人類現代每年產生的各種文字大約是 160TB。世界最大的美國國會圖書館有 2000 萬冊書，幾乎涵蓋了人類有史以來能夠保存下來的各種文字記錄，就算每本書有 100 萬字，這些書的總訊息量也只有 20TB。而目前用戶每分鐘上傳到 YouTube 的影片是 300 小時，每小時影片算 1GB，每年上傳的量就是 157680TB。如果把每個人手機裡的影片都算上，那麼影片資訊是文字資訊的上億倍。今後這個比例還會不斷加大。雖然這些影片或圖片都是「資訊」，還不是「知識」，但我們也可以想像從影片圖片中能提取出的隱藏的相關性的量一定遠遠大於所有的文字知識。

有了第一個問題的答案，就容易回答第二個問題。很顯然，用機器學習從影片和圖片中萃取知識是人類認識世界的一個新突破，只要有辦法把事物狀態用圖片或影片記錄下來，就有可能從中萃取出知識來。如果影片和圖片的訊息量是文字的上億倍，那麼我們有理由期待從中萃取出

的知識呈爆炸式增長，在社會和生活中起到關鍵甚至主導作用。人工智慧通過觀看大量人類歷史上的影視作品，可以歸納提取出影視中的經典橋段，創作出新穎的配樂、臺詞和預告片，供人類借鑑或使用。2016 年，IBM（國際商業機器公司）的沃森系統為二十世紀福克斯電影公司的科幻電影《摩根》（Morgan）製作了預告片。IBM 的工程師們給沃森看了 100 部恐怖電影預告片，沃森對這些預告片進行了畫面、聲音、創作構成的分析，並標記上對應的情感。它甚至還分析了人物的語調和背景音樂，以便判斷聲音與情感的對應關係。在沃森完成學習後，工作人員又將完整的 Morgan 電影導入，沃森迅速挑出了其中 10 個場景組成了一段長達 6 分鐘的預告片。在沃森的幫助下，製作預告片的時間由通常的 10 天到 1 個月，縮減到了短短的 24 個小時。同樣道理，機器學習可以從海量的生態、生產和社會環境資料中萃取出大量的未曾發現的知識。

第三個問題最有意思。由於機器萃取出的知識是以神經網路參數集形式存在的，對人類來說仍然不可陳述，也很難在人類間傳播。但是這些知識卻非常容易在機器間傳播。一台學會駕駛的汽車可以瞬間「教會」其他 100 萬台汽車，只要把自己的參數集複製到其他機器即可。機器間的協同行動也變得非常容易，無非是用一組回饋訊號不斷地調整參加協同的每台機器的參數。

如果用一句話總結默知識和明知識的差別那就是波蘭尼說的：We know more than we can tell（知道的遠比能說

出來的多）。

明知識就像冰山浮出水面的一角，默知識就是水下巨大的冰山。這兩類知識也包括那些尚未發現的知識，一旦發現，人類要麼可以感受，例如第一個登上珠峰的人能感受到缺氧；要麼從理性上可以理解，例如看懂一個新的數學定理的推導過程。

既不可感受也不能表達的「暗知識」

既然可以感受（但不可表達）的是默知識，可以表達的是明知識，那麼機器剛剛發現的，既無法感受也無法表達的知識就是暗知識。我們用是否能感受作為一個坐標軸，用是否能表達（或描述）作為另一個坐標軸，就可以用圖1.3 把三類知識的定義清晰地表達出來。在這張圖裡，明知識又被分為兩類：第一類是那些既可以感受又可以表達的，例如浮力定律、作用力反作用力定律等。第二類是不可感

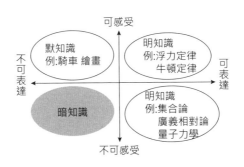

圖 1.3 知識的分類

受可以表達的，如大部分的數學以及完全從數學中推導出來但最後被實驗驗證了的物理定律，以及相對論和量子力學。

為了理解暗知識的本質，我們必須先搞清楚「知識」與我們今天常用的「資訊」和「資料」有什麼不同。稍加研究就能發現關於資訊、資料和知識的定義有很多並且非常混亂。筆者在下面給出一組符合資訊理論和腦神經科學研究結果的簡單而自洽的定義。資訊是事物可觀察的表徵，或者說資訊是事物的外在表現，即那些可觀察到的表現。在我們沒有望遠鏡時，談論肉眼以外星空裡的資訊毫無意義。

資料是已經描述出來的部分資訊。任何一個物體的訊息量都非常大，要想精確地完全描述一塊石頭，就要把這塊石頭裡所有基本粒子的狀態以及它們之間的關係都描述出來，還要把這塊石頭與周圍環境和物體的關係都描述出來。而關於這塊石頭的資料通常則少得多，例如它的形狀、重量、顏色和種類。

知識則是資料在時空中的關係。知識可以是資料與時間的關係，資料與空間的關係。如果把時間和空間看作資料的一部分屬性，那麼所有的知識就都是資料之間的關係。這些關係表現為某種模式（或者說模式就是一組關係）。對模式的識別就是認知，識別出來的模式就是知識，用模式去預測就是知識的應用。開普勒的行星運動定律就是那些觀測到的資料中呈現的時空關係。牛頓定律的最大貢獻

可能不在於解釋現有行星的運動，而在於發現了海王星。這些資料在時空中的關係只有在極少數的情況下才可以用簡潔美妙的數學方程式表達出來。在絕大多數情形下，知識表現為資料間的相關性的集合。這些相關性中只有極少數可以被感覺、被理解，絕大多數都在我們的感覺和理解能力之外。

人類的理解能力由感受能力和表達能力組成。人類的感受能力有限，局限性來自兩個方面。一是只能感受部分外界資訊，例如人眼無法看到除可見光之外的大部分電磁波頻譜，更無法感受大量的物理、化學、生物和環境資訊。二是人類的感官經驗只局限在三維的物理空間和一維的時間。對高維的時空人類只能「降維」想像，用三維空間類比。對於資料間的關係，人類憑感覺只能把握一階的或線性的關係，因為地球的自轉是線性的，所以「時間」是線性的。例如當我們看到水管的水流進水桶裡時，水面的上升和時間的關係是線性的，我們憑感覺可以預測大概多長時間水桶會滿。人類感官對於二階以上的非線性關係就很難把握。例如當水桶的直徑增加 1 倍時，水桶能盛的水會增加 4 倍，這點就和「直覺」不相符。

人類的表達能力只限於那些清晰而簡單的關係，例如少數幾個變數之間的關係，或者是在數學上可以解析表達的關係（「解析表達」的意思就是變數之間的關係可以用一組方程式表達出來）。當資料中的變數增大時，或當資料間的關係是高階非線性時，絕大多數情況下這些關係無

法用一組方程式描述。所以當資料無法被感受，它們之間的關係又無法用方程解析表達時，這些資料間的關係就掉入了人類感官和數學理解能力之外的暗知識大海。

我們現在可以回答「一個人類無法理解的暗知識的表現形式是什麼樣的」，暗知識在今天的主要表現形式類似 AlphaGo Zero 裡面的「神經網路」的全部參數。在第三章詳細介紹神經網路之前，我們暫時把這個神經網路看成一個有許多旋鈕的黑盒子。這個黑盒子可以接收資訊，可以輸出結果。黑盒子可以表達為一個一般的數學函數：$Y=f_w(X)$。這裡 Y 是輸出結果，$f_w(X)$ 是黑盒子本身，X 是輸入資訊，w 是參數集，就是那些旋鈕，也就是暗知識。

我們如何知道這個函數代表了知識，也即這個函數有用？這裡的判別方法和現代科學實驗的標準一樣：實驗結果可重複。對 AlphaGo Zero 來說就是每次都能贏；用嚴格的科學語言來說就是當每次實驗條件相同時，實驗結果永遠可重複。讀完第三章，讀者就會從細節上清楚暗知識是如何被驗證的。

注意，暗知識不是那些人類尚未發現但一經發現就可以理解的知識。比如牛頓雖然沒有發現相對論，但如果愛因斯坦穿越時空回去給他講，他是完全可以理解的。因為理解相對論用到的數學知識如微積分牛頓都有了。即使在微積分產生之前，如果愛因斯坦穿越 2000 年給亞里斯多德講相對論，亞里斯多德也能理解，至少能理解狹義相對論背後的物理直覺。但如果給亞里斯多德講量子力學他就不

能理解，因為他的生活經驗中既沒有薛定諤的貓（用來比喻量子力學中的不確定性，一個封閉的盒子裡的貓在盒子沒打開時同時既是死的也是活的，一旦打開盒子看，貓就只能有一種狀態，要麼是死要麼是活），他的數學水準也無法理解波動方程。那麼我們可以說對亞里斯多德來說，量子力學就是暗知識。量子力學因為沒有經驗基礎，甚至和經驗矛盾，在剛發現的初期，幾乎所有的物理學家都大呼「不懂」，至今能夠透徹理解的人也極少。甚至連愛因斯坦都不接受不確定性原理。

人類過去積累的明知識呈現出完美的結構，整個數學就建立在幾個公理之上，整個物理就建立在幾個定律之上，化學可以看成是物理的應用，生物是化學的應用，認知科學是生物學的應用，心理學、社會學、經濟學都是這些基礎科學的應用組合。這些知識模組之間有清晰的關係。但是機器挖掘出來的暗知識則像一大袋土豆，每個之間都沒有什麼關係，更準確地說是我們不知道它們之間有什麼關係。

我們可以預見一幅未來世界的知識圖譜：所有的知識分為兩大類界限分明的知識人類知識和機器知識。人類的知識如果不可陳述則不可記錄和傳播。但機器發掘出來的知識即使無法陳述和理解也可以記錄並能在機器間傳播。這些暗知識的表現方式就是一堆看似隨機的數位，如一個神經網路的參數集。這些暗知識的傳播方式就是通過網路以光速傳給其他同類的機器。

暗知識給我們的震撼才剛剛開始。從 2012 年開始的短短幾年之內，機器已經創造了下面這些「神蹟」：對複雜病因的判斷，準確性超過醫生；可以惟妙惟肖地模仿大師作畫、作曲，甚至進行全新的創作，讓人類真假難辨；機器飛行員和人類飛行員模擬空戰，百戰百勝。

　　我們在第六章會看到更多這樣的例子。人類將進入一個知識大航海時代，我們將每天發現新的大陸和無數金銀財寶。我們今天面對的許多問題都像圍棋一樣有巨大的變數，解決這些問題和圍棋一樣是在組合爆炸中尋求最優方案，例如全球變暖的預測和預防、癌症的治癒、重要經濟社會政策的實施效果、「沙漠風暴」這樣的大型軍事行動。系統越複雜，變數越多，人類越無法把握，機器學習就越得心應手。無數的機器將不知疲倦地晝夜工作，很快我們就會發現機器新發掘出來的暗知識會迅速積累。和下圍棋一樣，暗知識的數量和品質都將快速超過我們在某個領域積累了幾百年甚至幾千年的知識。明知識就像今天的大陸，暗知識就像大海，海平面會迅速升高，明知識很快就會被海水包圍成一個個孤島，最後連聖母峰也將被淹沒在海水之下。

　　這場人類認知革命的意義也許會超過印刷術的發明，也許會超過文字的發明，甚至只有人類產生語言可與之相比。請繫好安全帶，歡迎來到一個你越來越不懂的世界！

榨取數據—
機器能學會的知識

在深入探討機器如何學習暗知識之前,我們先要知道機器也能夠自己學習明知識和默知識。

在這一章我們介紹機器學習的五大流派的底層邏輯和各自不同的先驗模型。雖然現在神經網路如日中天,但其他四大流派也不容忽視。

上一章我們說了人類通過感官和邏輯能掌握明知識和默知識，但人類對暗知識既無法感受也無法理解。現在我們要看看機器能掌握哪些知識，並擅長掌握哪些知識。

機器學習明知識

電腦科學家最早的想法是把自己的明知識，包括能夠表達出來的常識和經驗放到一個巨大的資料庫裡，再把常用的判斷規則寫成電腦程式。這就是在 20 世紀 70 年代興起並在 20 世紀 80 年代達到高潮的「知識工程」和「專家系統」。比如一個自動駕駛的「專家系統」就會告訴汽車，「如果紅燈亮，就停車，如果轉彎時遇到直行，就避讓」，依靠事先編好的一條條程式完成自動駕駛。結果你可能想到了，人們無法窮盡所有的路況和場景，這種「專家系統」遇到複雜情況時根本不會處理，因為人沒教過。「專家系統」遇到的另一個問題是假設了人類所有的知識都是明知識，完全沒有意識到默知識的存在。一個典型的例子是 20 世紀 80 年代中國的「中醫專家系統」。當時電腦專家找到一些知名的老中醫，通過訪談記錄下他們的「望聞問切」方法和診斷經驗，然後編成程式輸入到電腦中。在中醫眼中每一個病人都是獨特的。當他看到一個病人時會根據經驗做出一個整體的綜合判斷。這些經驗連老中醫自己都說不清道不明，是典型的默知識。所以中醫診斷絕不是把舌苔的顏色劃分成幾種，把脈象分成幾十種，然後用查表方

AI 背後的暗知識

式就可以做判斷的。「專家系統」既不能給機器輸入足夠的明知識，更無法把默知識準確地表達出來輸入給機器。所以，「專家系統」和「知識工程」在 20 世紀 80 年代之後都偃旗息鼓了。

要想把一個領域內的所有經驗和規則全部寫出來不僅耗費時間，而且需要集合許多人。即使如此，那些誰也沒有經歷過的情況還是無法覆蓋。電腦的資訊處理速度比人腦快得多，那麼能不能把大量的各種場景下產生的資料提供給機器，讓機器自己去學習呢？這就是現在風行一時的「機器學習」。

今天的機器可以自己學習兩大類明知識：用邏輯表達的判斷規則和用機率表達的事物間的相關性。

符號學派 ── 機器自己摸索出決策邏輯

前面說過，理性主義認為事物間都有因果關係，基於因果關係，通過邏輯論證推理就能得到新知識。在機器學習中這一派被稱為符號學派，因為他們認為從邏輯關係中尋找的新知識都可以歸結為對符號的演算和操作，就像幾何定理的推理一樣。這種知識通常可以用一個邏輯決策樹來表示。決策樹是一個根據事物屬性對事物分類的樹形結構。比如冬天醫院門診人滿為患，測完體溫，主任醫生先問「哪裡不舒服」，病人說「頭疼，咳嗽」，主任醫生再聽呼吸。感冒、流感、肺炎都可能是這些症狀的原因，現在

要根據這些症狀判斷病人到底得了什麼病,這種從結果反著找到因果鏈條的過程就叫「逆向演繹」。這時候主任醫生用的就是一個決策樹:體溫低於 38.5℃,咳嗽,頭痛,可能是普通感冒,回去多喝白開水!體溫高於 38.5℃,還劇烈咳嗽呼吸困難,可能是肺炎,咳嗽不厲害就可能是流感。實際情形當然要比這複雜。但原理就是根據觀察的症狀逐項排除,通過分類找到病因。這時候門診新來了實習醫生小麗,要在最短時間內學會主任醫生的診斷方法。主任醫生忙得根本沒時間教她,就扔給她一些過去病人的病歷和診斷結果,自己琢磨去!小麗看著幾十個病人的各項指標和診斷結果,不知道從哪裡下手。這時候剛學了決策樹的主治醫生小張路過說:我來幫你。咱先隨便猜一個主任的判斷邏輯,比如先看是否咳嗽,再看是否發燒。把這些病例用這個邏輯推演一遍,如果邏輯的判斷結果和主任的診斷結果吻合,我們就猜中了。如果不吻合,我們再換個邏輯,無非是換些判斷準則,比如你可能一開始把體溫標準定在了 37.5℃,結果把很多普通感冒給判斷成流感了。當你用 39℃時,又會把流感判斷成普通感冒。幾次試驗你就找到了 38.5℃ 這個最好的值。最後你找到的邏輯對所有病例的判斷都和主任醫生的診斷完全吻合。

所以決策樹學習就是先找到一個決策樹,它對已知數據的分類和已知結果最接近。好的分類模型是每一步都能讓下一步的「混雜度」最小。在實際的機器學習中,決策樹不是猜出來而是算出來的。通過計算和比較每種分類的

混雜度的降低程度，找到每一步都最大限度降低混雜度的過程，就是這個決策樹機器學習的過程。所以機器學習決策樹的原理是：根據已知結果可以反推出事物間的邏輯關係，再用這些邏輯關係預測新的結果。

在這個例子裡的「知識」就是醫生的診斷方法，作為明知識被清晰表達為決策邏輯樹。而這種計算和比較分類混雜度的方法就是讓機器自動學習醫生診斷知識的方法。

貝葉斯學派 — 機器從結果推出原因的機率

符號學派認為有因必有果，有果必有因。貝葉斯學派問，因發生果一定發生嗎？感冒是發燒的原因之一，但感冒不一定都發燒。貝葉斯學派承認因果，但認為因果之間的聯繫是不確定的，只是一個機率。

我們的經驗中比較熟悉的是當一個原因發生時結果出現的機率，例如你感冒後會發燒的機率，但我們的直覺不太會把握逆機率，即知道結果要求推出原因的機率，也就是要判斷發燒是感冒引起的機率。貝葉斯定理就是教我們怎麼算這樣的機率。舉個例子，某人去醫院檢查身體時發現愛滋病病毒呈陽性，現在告訴你一個愛滋病人檢查結果呈陽性的機率是99%，也就是只要你是艾滋病人，檢查結果基本都是陽性。還告訴你，人群中愛滋病患者大約是0.3%，但所有人中查出陽性的人有2%。現在問得愛滋病的機率多大？你的直覺反應可能是，要出大事了！現在我們

看看貝葉斯定理怎麼説。貝葉斯定理如下：

P（得愛滋病 | 檢查呈陽性）=P（得愛滋病）×P（檢查呈陽性 | 得愛滋病）/P（檢查呈陽性）=99%×0.3%/2%=14.85%。

也就是説即使他檢查呈陽性，他得病的機率也不到15%！

這個結果非常違反直覺。原因在哪裡呢？在於人群中查呈陽性的機率遠大于人群中得愛滋病的機率。這主要是由於檢測手段不準確，會「冤枉」很多好人。所以以後不管誰查出了什麼病呈陽性，你要問的第一件事是檢查呈陽性和得病的比率有多大，這個比率越大就可以越淡定。所以貝葉斯定理告訴我們的基本道理是：一個結果可能由很多原因造成，要知道一個結果是由哪個原因造成的，一定要先知道這個原因在所有原因中的占比。

一個好的醫生知道，要判斷病人是否感冒，只看是否發燒這一個症狀不夠，還要看是否有咳嗽、嗓子痛、流鼻涕、頭痛等症狀。也就是我們要知道 P（感冒 | 發燒、咳嗽、嗓子痛、流鼻涕、頭痛……）。貝葉斯定理告訴我們計算上面的機率可以通過計算 P（發燒、咳嗽、嗓子痛、頭痛…… | 感冒）獲得。為了簡化計算，我們這裡假設發燒、咳嗽、嗓子痛、頭痛這些症狀都是獨立的，互相不是原因（很顯然這個假設不完全對，很可能嗓子疼是咳嗽引起的），這樣 P（發燒、咳嗽、嗓子痛、頭痛… | 感冒）=P（發燒 | 感冒）×P（咳嗽 | 感冒）×P（嗓子痛 | 感冒）×P（頭痛

｜感冒）╳…這裡每一個機率都比較容易得到。這在機器學習裡叫作「樸素貝葉斯分類器」。這個分類器廣泛應用於垃圾郵件的過濾。我們知道垃圾郵件往往會有「免費、中獎、偉哥、發財」這類詞彙，這類詞彙就相當於感冒會出現的症狀，垃圾郵件就相當於感冒。過濾垃圾郵件變成了判斷在出現這些詞彙的情況下這封郵件是垃圾郵件的機率，也就是通過統計 P（出現「免費」｜垃圾郵件），P（出現「中獎」｜垃圾郵件）等的機率，來算出 P（垃圾郵件｜出現「免費、中獎、偉哥、發財」……）的機率。

同樣的原理還被廣泛應用在語音辨識上。一個單詞有各種各樣的發音，語音辨識就是聽到一個發音判斷是某個單詞的機率。如果我們把「吃飯」這個詞的天南地北男女老少的發音都收集起來，統計出「吃飯」這個詞和各種發音的頻次，我們聽到一個發音「洽碗」時，就可以判斷是否在說「吃飯」。為什麼說貝葉斯樸素分類器是機器學習呢？因為它是通過採集大量資料統計出每個單詞和它們分別對應的發音的頻率來判斷一個發音是什麼單詞的。這些資料越多，判斷的準確性就越高。

在這個例子裡，「知識」是知道當一個結果發生時是哪個原因造成的。這個知識被清晰地表達為一個條件機率。機器通過統計每種原因的占比來算出從結果到原因的機率。

類推學派 —— 機器學習默知識

　　我們生活中很多經驗來自類比。醫生一看病人的面部表情和走路姿勢就基本能判斷出是普通感冒還是流感，因為流感症狀比感冒厲害得多。科學上的許多重要發現也是通過類比。當達爾文讀到馬爾薩斯（Malthus, 1766~1834）的《人口論》（Principle of Population）時，被人類社會和自然界的激烈競爭的相似性所觸動；玻爾的電子軌道模型直接借鑑了太陽系的模型。機器學習中用類比方法的這一派叫類推學派，他們的邏輯很簡單：第一，兩個東西的某些屬性相同，它倆就是類似的；第二，如果它們的已知屬性相同，那麼它們的未知屬性也會相同。開好車上班的人可能也會用蘋果手機，喜歡看《星際大戰》（Star Wars）的人可能也會喜歡看科幻小說《三體》等。類比的邏輯可以明確表達，但具體的類比常常是默知識。例如老警察一眼就能看出誰是小偷，但不一定說得清楚原因。

　　在類推學派中最基礎的演算法叫最近鄰法。最近鄰法的第一次應用是 1894 年倫敦暴發霍亂，在倫敦的某些城區每 8 個人就會死 1 個，當時的理論是這種疾病是由一種「不良氣體」造成的。但這個理論對控制疾病沒有用。內科醫生約翰・斯諾把倫敦每個霍亂病例都標在地圖上，他發現所有的病例都靠近一個公共水泵。最後推斷病因是這個水泵的水源污染，當他說服大家不要再用這個水泵的水後，疾病就得到了控制。在這裡這些資料的相似點就是和這個

水泵的距離。最近鄰法還有一個應用就是在網上搜照片，你對高鐵上霸座的人很憤慨，你把他的照片上傳，網站給你顯示出幾張和他長得最像的照片，並且有文字，你一看，天哪，還是個在學博士生！同樣的道理，很多智慧手機都可以自動進行照片分類，把你手機裡的人像都自動歸類。

在類推學派中，第一件事是要定義「相似度」。相似度可以是身高、收入等連續變數，也可以是買了某一類書的次數的統計變數，也可以是性別這樣的離散變數。總之，只有定義了相似度，才能度量一個分類方法是否最優。人可以感受相似度，但無論是人的感官還是大腦都無法量化相似度。人類在做相似度比較時，甚至都不知道自己在比較哪些特徵和屬性，但機器可以很容易量化這些相似度。所以只要機器抓準了特徵和屬性，比人的判斷還準。

類推演算法可以用於跨領域的學習。一個消費品公司的高管到互聯網媒體公司不需要從頭學起，華爾街雇用很多物理學家來研究交易模型，是因為這些不同領域問題的內在數學結構是類似的。類推演算法最重要的是能用類比推導出新知識，就像我們前面提到的達爾文受《人口論》的啟發。

雖然機器可以學習明知識和默知識，但它最大的本事是學習暗知識。

機器發現暗知識

暗知識就是那些既無法被人類感受又不能表達出來的知識。也就是說人類本身無法理解和掌握這些知識，但機器卻可以。機器有兩種方法可以掌握這些知識：模仿人腦和模仿演化。

聯結學派

聯結學派的基本思路就是模仿人腦神經元的工作原理：人類對所有模式的識別和記憶建立在神經元不同的連接組合方式上。或者說一個模式對應著一種神經元的連接組合。聯結學派就是目前最火爆的神經網路和深度學習，它在五大學派中占絕對統治地位。目前人工智慧的高科技公司中絕大部分是以神經網路為主。第三章我們專門討論神經網路。

進化學派

機器學習中一共有五大學派，最後一個學派是進化學派。他們是激進主義經驗派，是徹底的不可知論者。進化學派不僅覺得因果關係是先驗模型，甚至覺得類比，神經元連接也都是先入為主的模型。他們認為不管選擇什麼樣的先驗模型，都是在上帝面前耍人類的小聰明，世界太複

AI 背後的暗知識

雜，沒法找到模型。進化學派的基本思路是模仿自然界的演化：隨機的基因變異被環境選擇，適者生存。他們的做法就是把一種演算法表達成像基因一樣的字串，讓不同的演算法基因交配，讓生出來的兒女演算法去處理問題，比爸媽好的留下來配種繼續生孫子，比爸媽差的就淘汰。

比如我們要通過進化演算法找到最優的垃圾郵件過濾演算法。我們先假設凡是垃圾郵件都包含 1000 個諸如「免費」「中獎」「不轉不是中國人」這樣的單詞或句子。對於每個單詞我們可以對郵件施加一些規則，如刪除或者懷疑（「懷疑」是進一步看有沒有其他垃圾詞彙）等。如果規則就這兩種，我們可以用一個比特表示：1 刪除，0 懷疑。這樣要對付有 1000 個垃圾詞的演算法就可以表示成 1000 比特的一個字串。這個字串就相當於一個演算法的基因。如果我們從一堆隨機的 1000 比特長的字串開始，測量每個字串代表的演算法的適應度，也即它們過濾垃圾郵件的有效性。把那些表現最好的字串留下來互相「交配」，產生第二代字串，繼續測試，如此迴圈，直到一代和下一代的適應度沒有進步為止。注意，這裡和生物的進化有個本質區別，就是所有的演算法都是「長生不老」的。所以老一代裡的優秀演算法不僅可以和同代的演算法競爭，而且可以和兒子、孫子、子子孫孫互相競爭，最後的勝利者不一定都是同一代的演算法。

進化演算法的問題是「進化」毫無方向感，完全是瞎

猜。在前面的垃圾郵件篩檢程式例子裡，1000 比特的字串
的所有可能性是 21000，也即 10300，即使用目前世界最快
的超級電腦，「進化」到地球爆炸都不可能窮盡所有可能，
在有限時間內能探索的空間只是所有可能空間的極少一部
分。地球可是用了 40 億年時間才進化出了現在所有的生物。
　　圖 2.1 是美國華盛頓大學佩德羅·多明戈斯（Pedro

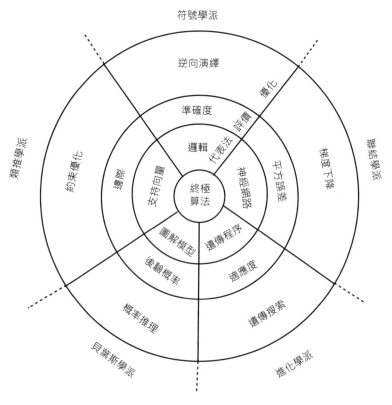

圖 2.1 機器學習的五大流派
圖片來源：佩德羅·多明戈斯，《終極演算法》，中信出版社，2017 年。

AI 背後的暗知識

Domingos）教授總結的一張五大流派「八卦圖」。

機器學習中的符號學派、貝葉斯學派、類推學派和聯結學派的共同點是根據一些已經發生的事件或結果，建立一個預測模型，反復調整參數使該模型可以擬合已有資料，然後用此模型預測新的事件。不同的是它們各自背後的先驗世界模型。符號學派相信事物間都有嚴密的因果關係，可以用邏輯推導出來；貝葉斯學派認為，因發生，果不一定發生，而是以某個機率發生；類推學派認為，這個世界也許根本沒有原因，我們只能觀測到結果的相似，如果一隻鳥走路像鴨子，叫起來像鴨子，那麼它就是只鴨子；聯結學派認為，相似只是相關性能被人理解的那層表皮，隱藏的相關性深邃得無法用語言和邏輯表達；最後進化學派認為，什麼因果？什麼相關？我的世界模型就是沒有模型！從零開始，不斷試錯，問題總能解決！

現在我們終於可以清理一下滿天飛的名詞了。我們在媒體上最常聽到的是這四個名詞：人工智慧、機器學習、神經網路、深度學習。這四個詞的關係如圖 2.2 所示，人工智慧是最大的一個圓，圓裡面分為兩部分：一部分叫人工學習，也就是前面我們講的專家系統；另一部分叫機器學習，就是機器自己學習。機器學習裡面包含神經網路，在神經網路裡面還要再分，一個是淺度學習，一個是深度學習。在過去晶片集成度低時，我們只能模仿很少的神經元。現在由於集成度在提高，我們可以模仿很多的神經元，當很多神經元被組成多層的網路時，我們就叫它深度學習。

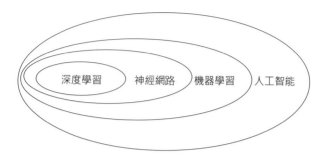

圖 2.2 AI 中四個概念的包含關係

所以人工智慧、機器學習、神經網路和深度學習的關係，其實就像一個洋蔥一樣，一層包裹一層，最外面的是人工智慧，往裡一點是機器學習，再往裡是神經網路，最深層就是深度學習。

所以這四個詞有下面的包含關係：人工智慧 > 機器學習 > 神經網路 > 深度學習。

今天我們說到的人工智慧，其實就是機器學習裡面的神經網路和深度學習。但是在一般的商業討論中，這四個概念經常是混著用的。

神經網路——
萃取隱蔽相關性

在瞭解了機器學習各個流派的方法後，本書的主角「神經網路」現在閃亮登場。本章將深入介紹神經網路學習的原理和在商業上應用最多的幾種形態，以及它們的適用範圍。有了這些基礎，我們才可以真正理解 AlphaGo Zero 是怎樣發現神蹟般的暗知識的。

對於只想瞭解 AI 商業前景的讀者，也可以先跳過這一章，讀完後面描述機器學習神奇應用的章節後再回來弄懂它是如何工作的。

從感知器到多層神經網路

1943 年，心理學家沃倫・麥卡洛克（Warren McCulloch）和數理邏輯學家沃爾特・皮茨（Walter Pitts）提出並給出了人工神經網路的概念及人工神經元的數學模型，從而開了人類神經網路研究的先河。世界上第一個人工神經元叫作 TLU（Threshold Linear Unit，即閾值邏輯單元或線性閾值單元）。最初的模型非常簡單，只有幾個輸入端和輸出端，對權值的設置和對閾值的調整都較為簡單。

1957 年，一個開創性的人工神經網路在康奈爾航空實驗室誕生了，它的名字叫作感知器（Perceptron），由弗蘭克・羅森布萊特（Frank Rosenblatt）提出，這也是首次用電子線路來模仿神經元。他的想法很簡單，如圖 3.1 所示：將其他電子神經元的幾個輸入按照相應的權重加在一起，如果它們的和大於一個事先給定的值，輸出就打開，讓電流通向下一個神經元；如果小於這個事先給定的值，輸出就關閉，沒有電流流向下一個神經元。

1960 年，史丹佛大學教授伯納德・威德羅（Bernard Widrow）和他的第一個博士生瑪律西安・泰德・霍夫（Marcian Ted Hoff）提出了自我調整線性神經元（Adaptive Linear NEurons，ADALINE）。他們第一次提出了一種可以自動更新神經元係數的方法（機器自我學習的原始起點）：用輸出誤差的最小均方去自動反覆運算更新神經元權重係數，直至輸出訊號和目標值的誤差達到最小。這樣

就實現了權重係數可以自動連續調節的神經元。自適應線性神經元最重要的貢獻是第一個使用輸出訊號和目標值的誤差自動回饋來調整權值，這也為後面神經網路發展歷史上里程碑式的反向傳播演算法奠定了基礎。

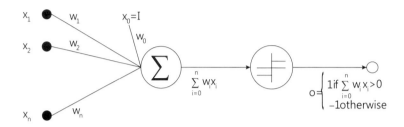

圖 2.1 機器學習的五大流派
圖片來源：佩德羅·多明戈斯，《終極演算法》，中信出版社，2017 年。

　　這個單層的神經網路也被稱為自我調整訊號處理器，被廣泛應用在通信和雷達當中。霍夫後來加入英特爾，在 1971 年設計了世界上第一個微處理器 Intel4004。威德羅教授也是筆者 20 世紀 80 年代後期在史丹佛大學的博士指導教授。筆者曾經在他的指導下做過神經網路的研究工作。圖 3.2 是筆者 2016 年和他討論神經網路未來發展時的合影，筆者手中拿的那個黑盒子就是他 1960 年做出的 ADLINE 單層神經網路。這個盒子到今天還在工作，美國國家博物館曾經想要這個盒子做展品，但威德羅教授回答說「我還要用它來教學」。

圖 3.2 筆者和自己當年史丹佛大學的博士指導教授，神經網路鼻祖之一
威德羅教授的合影

　　威德羅教授在 1962 年還提出過一個三層的神經網路
（Multi-Layer Adaptive Linear Neurons，MADALINE），但
沒有找到一個能夠用於任意多層網路的、簡潔的更新權重
係數的方法。由於單層網路有廣泛應用而多層網路的運算
速度太慢（當時的電腦運算速度是今天的 100 億分之一），
所以在 MADALINE 之後沒有人去繼續深入探討多層網路。

　　由於缺少對人腦工作模式的瞭解，神經網路的進展一
度較為緩慢，而它進入快速發展期的一個觸發點則是醫學
領域的一個發現。1981 年，諾貝爾生理學或醫學獎頒發給
了美國神經生物學家大衛‧胡貝爾（David Hubel）、托爾
斯滕‧威塞爾（Torsten Wiesel）和羅傑‧斯佩里（Roger
Sperry）。前兩位的主要貢獻是發現了人類視覺系統的資

訊處理採用分級方式，即在人類的大腦皮質上有多個視覺功能區域，從低級至高級分別標定為 V1~V5 等區域，低級區域的輸出作為高級區域的輸入。人類的視覺系統從視網膜（Retina）出發，經過低級的 V1 區提取邊緣特徵，到 V2 區的基本形狀或目標的局部，再到高層 V4 的整個目標（例如判定為一張人臉），以及到更高層進行分類判斷等。也就是說高層的特徵是低層特徵的組合，從低層到高層的特徵表達越來越抽象和概念化。至此，人們瞭解到大腦是一個多層深度架構，其認知過程也是連續的。

　　神經網路學習的本質是大量神經元通過複雜的連接形成記憶。因為分析簡單且容易用電子元件實現，一開始人工神經網路就如圖 3.3 那樣由一層一層組成。其實人腦的神經元連接非常複雜，沒有這麼一層一層的清晰和有秩序。但我們目前並沒有弄清楚人腦神經元的連接方式，先從簡單的假設入手是科學的一般方法。

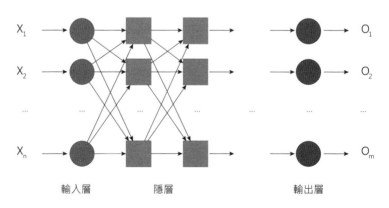

圖 3.3 一個多層神經網路（其中每個方塊代表一個神經元）

20 世紀 80 年代，神經網路的另一個重大突破是當時在加利福尼亞州大學聖達戈校區任教的美國心理學家大衛‧魯梅哈特（David Rumelhart）和在卡內基梅隆大學任教的計算科學家傑佛瑞‧辛頓（Jeffrey Hinton）提出的多層神經網路，以及一個普遍的自動更新權重係數的方法。前面說過，威德羅教授在 1962 年提出過一個三層的神經網路，但功虧一簣，沒有找到一個簡潔的任意多層網路權重係數的更新方法。這個問題在 1986 年被魯梅哈特和辛頓解決了。他們借鑑了單層神經網路中威德羅霍夫（Widrow-Hoff）回饋演算法的思路，同樣用輸出誤差的均方值一層一層遞進地回饋到各層神經網路去更新係數。這個演算法就是今天幾乎所有神經網路都在用的「反向傳播」演算法。「反向傳播」聽上去很「高端」，實際上就是在自動控制和系統理論裡面多年一直在用的「回饋」，只不過在多層網路中回饋是一層一層遞進的。因為一個多層的神經網路要通過成千上萬次「用輸出誤差回饋調整係數」，所以運算量非常大。在 20 世紀 80 年代的計算能力限制下，神經網路的規模非常小（例如三層，每層幾十個神經元）。這種小規模的神經網路雖然顯示了神奇的能力（例如能夠識別 0~9 一共 10 個手寫體數字），但仍然無法找到真正的商用。

　　從第一個電子神經元感知器的發明（1957 年）到神經網路的大規模應用（2012 年）整整經歷了 55 年的艱辛探索，許多天才科學家不顧嘲諷和失敗，堅信這條路是對的。圖 3.4 是在這個探索旅程中做出重大貢獻的科學家。

神經網路模型：滿是旋鈕的黑盒子

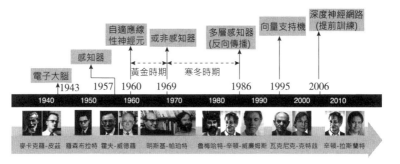

圖 3.4 1940~2010 年基於神經網路的 AI 發展史上做出突破性貢獻的科學家。
圖片來源：
https://beamandrew.github.io/deeplearning/2017/02/23/deep_learning_101_part1.html。

　　在這一節中，我們用最簡單的方法介紹機器學習的機理。像圖 3.3 這樣一個多層神經網路的左端是輸入端，即要識別的資訊從這裡輸入。例如要識別一幅圖像，每個輸入 Xi 就是這張圖像的一個像素的灰度值（為了簡單起見我們假設圖像是黑白的，如果是彩色的，我們可以想像三個這樣的網路重疊起來用）。從輸入層的每個神經元到下一層的每個神經元都有一個連接，從輸入層的第 i 個神經元到下一層第 j 個神經元的連接有一個乘法因子 Wij。每一層到下一層都類似。在輸出端，每根線對應一個識別出來的物體。我們可以把每個輸出想像成一個燈泡。當機器發現輸入是某個物體時，對應該物體的燈泡就在所有輸出燈泡裡最亮。

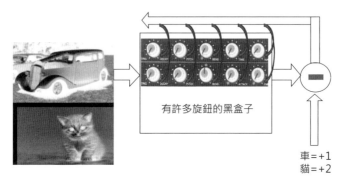

有許多旋鈕的黑盒子

車＝+1
貓＝+2

—機器上有許多可調旋鈕（神經元之間連結的權係數）
—對應每類輸入，輸出有一個燈泡（即給每類數據賦一個輸出目標值，
　如車＝+1，貓＝+2）
—把一類數據餵給機器，調旋鈕直到只有對應這類數據的燈泡亮（輸出
　達到目標值）
—循環餵數據、調旋鈕，直到對所有類型的輸入都達到輸出目標值

圖 3.5 機器學習：調節黑盒子外的旋鈕

　　像這樣一個多層次的神經網路是如何「學習」的呢？
我們可以把這個多層網路看成一個黑盒子。盒子外面有許
多可以調節的旋鈕，如圖 3.5 所示。

　　我們的第一個任務是訓練這個黑盒子能夠識別圖像中
的物體。例如在圖 3.5 中，輸入端有兩張圖，一張汽車圖
片和一張貓的圖片。我們訓練的目的是只要輸入各種汽車
的圖片，機器就能告訴我們「這張圖是汽車」（對應「汽
車」這個物體的輸出端的燈泡最亮）。同樣，只要我們輸
入貓的圖片，機器就告訴我們「這張圖是貓」（對應「貓」
的燈泡最亮）。訓練的過程是這樣的：我們先指定輸出的
一個燈泡最亮對應於識別出了汽車，第二個燈泡最亮對應
貓，等等。我們先找到足夠多的汽車圖片（例如 1 萬張，

訓練圖片越多，訓練出的機器判斷越準確），一張一張給機器「看」（實際訓練是一組一組地給機器看）。在機器沒有訓練好時，當我們輸入一張汽車圖片時，輸出的燈泡會亂亮。我們此時耐心地調節那些旋鈕直到只有對應「汽車」的燈泡亮為止。然後我們輸入下一張汽車圖片，也調到只有對應汽車的燈泡亮為止，如此一直到 1 萬張。然後我們再輸入第一張貓的圖片，調節旋鈕直到對應「貓」的燈泡亮為止，也如此一直到 1 萬張貓的圖片都輸入完為止。如果我們讓機器學習 1000 種物體的圖片，那我們對每種物體圖片都要如此操作，讓輸出端對應這種物體的燈泡最亮。所以在機器學習中，「訓練」是最耗時的。在訓練過程中，這些訓練用的圖片我們事先知道是什麼內容，或者叫作「標注」過的圖片。當訓練結束後，第二步是測試。也就是拿一些不在訓練集裡面的圖片讓機器辨認，如果機器都能辨認出來，這部機器就算訓練好了，可以交付使用了。一旦訓練測試結束，機器的參數集就不改變了，也就是所有的旋鈕都固定不動了。只要是輸入訓練過的種類，機器都應該能識別出來。

如果一部機器要識別 1000 種物體的圖片，就要至少有 1000 個輸出端（每個輸出端對應一種物體）。假設圖片解析度是 100×100=10000 像素（很低的解析度），如果這部機器只有三層神經網路（深度最淺的「深度」學習網路），輸入端和中間層之間，中間層和輸出之間的連接就有10000×10000+10000×1000=1.1 億個。也就是這部機器有

1 億多個旋鈕。截至 2017 年，最大的神經網路已經號稱有上萬億的參數，即上萬億個旋鈕。這麼多旋鈕顯然無法用人工去調節。

霧裡下山：訓練機器模型

幸運的是數學上 200 年前就有了「自動」調節旋鈕的辦法。這個辦法叫作「最陡梯度法」，或者通俗地叫作「霧裡下山法」。當我們訓練一個機器學習模型時，我們事先知道每一張圖片是什麼物體（汽車、貓等已經標注的圖片），我們輸入汽車圖片時，要求只有對應「汽車」的那個燈泡最亮。在我們調節旋鈕之前，燈泡的亮和滅都是混亂的，和我們的要求有很大誤差。這些誤差是由旋鈕的值決定的。如果把這些誤差畫成一幅圖像，就像圖 3.6 一樣有很多山峰，誤差就是山峰的高度，圖像的橫軸和縱軸就是旋鈕的值。

當我們輸入第一張圖片時，我們可能站在一個隨機的位置，例如某一座山峰的山頂或半山腰，我們的任務就是走到最低的一個谷底（誤差最小）。我們此時相當於在大霧中被困在山裡只能看見眼前的山坡，一個最笨的辦法就是「最陡下降法」：站在原地轉一圈，找到一個最陡的下山方嚮往這個方向走一步。在這個新的位置上，再轉一圈找到最陡的下山方向再走一步，如此迴圈，一直走到山腳為止。

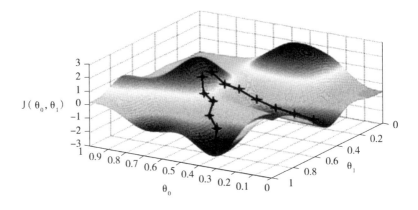

圖 3.6 用「最陡梯度法」尋找誤差最小的「山谷」
圖片來源：維基百科。

在「最陡下降法」中每次轉圈找最陡下山方向相當於用誤差函數的偏微分方程求梯度。簡單地講，旋鈕的每一步的調節值是可以算出來的。這樣我們根據輸出的誤差一步一步地算出旋鈕的調節值，直到滿意為止。這種根據誤差回頭調節旋鈕的方法也叫「反向傳播演算法」，意思是用輸出誤差一層一層地從輸出端向輸入端把各層的權重係數算出來。

AlphaGo 的「上帝視角」

有了上面的基礎，我們現在就可以理解為什麼 AlphaGo 這麼厲害。圍棋棋盤有 19×19=361 個交叉點，每個交叉點可以二選一：白子或黑子。這樣所有的擺法就是 2361，或

者 10108。人類 2000 年來一共保留下來的圍棋殘局中盤大約 3000 萬個。人類下過的棋局相當於大海裡的一滴水（即使剔除那些明顯沒有意義的擺法）。一位棋手即使每天下 2 盤棋，50 年內天天下，一生也只能下 36500 盤棋。圖 3.7 是一張「霧裡下山」的示意圖。下棋的終極目標相當於在群山中找到最低的谷底（對應於最理想的走法）。如果所有可能的走法是綿延幾千里的群山，人類棋手 2000 年來就相當於一直在同一個小山頭裡面打轉轉。第一位棋手偶然的棋路會影響他的徒弟，以後的徒子徒孫都始終在這個小山頭附近徘徊。而機器學習像個「神行太保」，以比人快百萬倍的速度迅速掃遍群山，很快就能找到一個遠離人類徘徊了 2000 年的更低的山谷（可能還不是絕對最低，但比

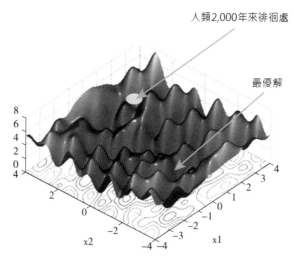

圖 3.7 機器學習可以迅速掃過群山找到最低處

人類徘徊何處低）。這也是連棋聖聶衛平都連呼「看不懂」AlphaGo 棋路的原因。（見圖 3.7）

這個原理可以用於解決許多類似的問題。這類問題的特點是變數非常多，可能解是天文數字，例如經濟和社會決策、軍事行動策劃等。

局部最優：沒到山底怎麼辦

「霧裡下山法」會遇到一個問題，就是會走進一個不是最低的谷底而且再也走不出來了。用一維函數能清楚地看到這個問題。圖 3.8 是有兩個「谷底」：A 點和 B 點的一維函數。當下山走到 A 點時，只要每次的步伐不是特別大，

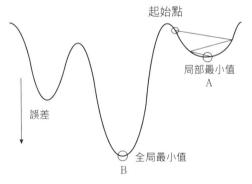

圖 3.8 有兩個谷底的一維函數

不論往左還是往右再移動，總是會回到 A 點。這在數學上叫「局部最小值」，而 B 點才是「全局最小值」。

但是如果我們從一維擴展到二維，就有可能從一個「局

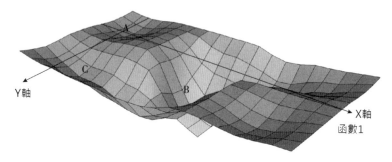

圖 3.9 從一維空間擴展到二維空間，誤差函數找到「全域最小值」的機率增大

部最小值」中逃逸。在圖 3.9 中，假設函數 1 是一個沿 X 軸切下去的一維函數，A 點就是函數 1 的一個「局部最小值」。如果一個小珠子只能沿著 X 軸滾動，就會陷在 A 點出不來。但在圖中的二維曲面上，小珠子只要沿著 Y 軸方向挪動一點，就到了 C 點，而從這個 C 點出發就能到達整個曲面的「全域最小值」B 點。當誤差函數的維數增加時，這種從「局部最小值」逃逸的機會就會增大。我們無法畫出三維以上的圖像，但我們可以想像每個「局部最小值」附近都有許多「蟲洞」可以方便逃逸。維數越高，這種蟲洞就越密集，就越不容易陷在一個「局部最小值」裡。

如果圖 3.9 不夠直觀，我們可以用一個數字陣列來表達。首先假設地形是一個一維函數，每個數位表示它的海拔高度。在圖 3.10 中，有兩個最小的海拔高度 0 和 5，但是無論從哪一邊開始下山，每走一步的話，都會被困在高度 5 這個「局部最小值」裡出不來，無法走到「絕對最小值」0。

6	→	5	←	6	0	6	→	5	←	6

圖 3.10 地形函數的數位陣列

6	6	6	6	6	6	6
6	4	6	1	2	3	6
6	5	6	0	6	5	6
6	3	2	1	6	4	6
6	6	6	6	6	6	6

圖 3.11 將地形疊加為二維函數

但是，如果將這個地形疊加為二維函數，仍然用數位表示海拔高度，我們可以看到，無論從哪一邊開始下山，每走一步，當在一維函數中走到「局部最小值」5 以後，在另外一個維度的函數中，則可以繼續走到更低的海拔，直到到達「全域最小值」0。同樣地，維度越多，在某一個維度到達「局部最小值」後，可以選擇的其他維度和路徑就越多，因此被困在「局部最小值」的機率就越低。（見圖3.11）

深度學習化繁為簡

為什麼深度學習有許多層神經元？這是因為世界上許多資訊和知識是可以通過分層表達的。例如人臉是很複雜的一幅圖像，但人臉可以先分解成五官，五官的複雜程度就比人臉低了，五官又可以進一步分解為線條。深度學習

就是用一層神經元去識別一個層級的資訊。在圖 3.12 中，左圖是第一層網路來識別人臉上的線條，中間的圖是第二層網路在識別出線條的基礎上識別出器官，右圖是第三層網路在識別出器官的基礎上識別出長相。同樣一個時間序列的資訊，例如語音也可以分解為遞進的層級：句子、單詞、音節等。分層的最大好處是大大降低計算量，把原來的 N 次計算變為 m×logN 次計算，這裡 m 是層數。除了將要處理的資訊表達為層級以外，另外一種降低計算量的方法是將「一大塊」資訊分解為許多小塊來處理。例如想要在一張像素很大的圖片中識別出一個小三角形，我們只需拿著這個小三角形的範本在大圖中滑動比較即可。例如一張圖的像素是 1000×1000=1000000，如果拿一個 1000×1000 像素的範本去比較，計算量大約是 1000000×1000000。如果這個三角形的大小是 10×10，我們用 10×10「範本滑動法」，計算量只要 10×10×1000000，是原來的萬分之一。

機器要處理的資訊有些是空間訊息，例如圖片，有些是時間資訊，例如語音。針對不同的資訊，神經網路的結

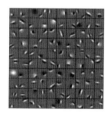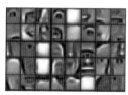

圖 3.12 深度學習神經網路學習得到的不同層次的特徵
圖片來源：維基百科。

AI 背後的暗知識

構不同。最常見的有兩種，第一種是處理空間資訊的卷積神經網路（Convolutional Neural Network，CNN），第二種是處理時間資訊的迴圈神經網路（Recurrent Neural Network，RNN）。下面我們一一介紹。

化整為零的卷積神經網路

「卷積」這個詞什麼意思待會咱們再講，但現在可以告訴你的是，目前人工智慧和機器學習製造的奇蹟，從下圍棋到自動駕駛再到人臉識別，背後全是卷積神經網路。能知道卷積神經網路的工作原理，你就和周圍大部分讀了幾本人工智慧的書的人不是一個水準了。雖然大部分人不會從事人工智慧的專業工作，但卷積神經網路解決問題的思路會讓我們拍案叫絕。第一個提出卷積神經網路的是前面說的神經網路教父傑佛瑞‧辛頓教授的博士後學生，一位叫楊立昆（Yan Le Cun）的法國人，現在任 Facebook（臉書）人工智慧研究所主任，和辛頓同為神經網路四大天王之一。

降低運算量就是降低成本

神經網路每一層的每一個神經元都和後面一層的每一個神經元相連接。如果第一層有 1 萬個神經元，第二層也有 1 萬個，這兩層之間的連接就有 1 億個。如果像微軟那

個一舉超過人臉識別圖像能力的 ResNet（深度殘差網路）有 152 層，這些連接就有 151 億個。也就是說我們要調整的黑盒子上有 151 億個旋鈕。為了識別 10 種動物，要給訓練機器看 10 萬張動物圖片，一張圖片就要算 151 億次乘法和加法，10 萬張至少是 1500 萬億次運算。這只是識別 10 種動物的訓練運算量，如果要訓練識別 1 萬種動物呢？用今天的最快的 CPU（電腦中央處理器）或 GPU（圖形處理器），也要算幾個月甚至幾年。對計算量要求更大的是識別，識別一張圖片要算 150 億次不難，但 Facebook 上每天上傳的何止幾億張照片？降低運算量就意味著降低成本。

降低運算量的第一招就是把問題分類，如果只處理某一類問題，針對這些問題的共同特點，就有可能簡化演算法。我們知道，人從外界獲得的資訊 90% 以上是視覺資訊，視覺資訊主要是圖像，影片也可以分解成快速閃過的圖像。那圖像有什麼特點呢？一幅圖像的訊息量很大，但不管是風景還是人物，畫面上總有大部分區域沒有什麼變化，像天空。引起你注意的東西往往都是一小塊，例如人的眼睛、天空中的鳥、地上的花。這個叫作圖像中資訊的局域性。圖像的第二個特點是可以分解為更簡單的元素，例如風景分解為天空、大地、植物、動物，人物分解為五官。卷積神經網路就是利用圖像的以上兩個特點進行了大幅度的運算簡化。

以人臉識別為例，要識別一個人，先要抓住他的特徵，比如濃眉大眼高鼻樑。第一步就是把五官找出來。其實員

AI 背後的暗知識

警抓犯罪嫌疑人早就用了這一招。警察局的畫師會問目擊者犯罪嫌疑人的性別、年齡、身高、種族等，然後問目擊者犯罪嫌疑人的五官長什麼樣，目擊者能描述的五官種類非常有限，大眼睛、小眼睛，最多加個單眼皮、雙眼皮、高鼻樑、塌鼻樑，根據目擊者的描述畫師畫出一幅人臉，然後目擊者再說眼角朝下，沒這麼大，畫師再不斷改，直到目擊者覺得和記憶基本相符。人臉那麼複雜根本無法用語言描繪，但如果變成五官的組合描繪起來就簡單多了。假設每個五官都能分 10 種，就能組合出 1 萬種臉來，再加上年齡、性別、種族就能組合出幾十萬張臉，這樣把從 70 億人中找一張臉的任務就分解成了從 10 種眼睛中找出一種眼睛，再從 10 種鼻子中找出一種鼻子這樣簡單得多的任務。

卷積神經網路是怎樣工作的

卷積神經網路就是用上警察局這一招。假如我們現在要從分布在北京大街小巷的監視攝影機的影片中發現 100 個重要的犯罪嫌疑人，第一步是用這些犯罪嫌疑人的已有照片來訓練機器。訓練的第一步就是要從這些照片中提取五官的特徵。因為五官在一張照片中只占一小塊，那我們就做個找五官的小範本，專業術語叫濾波器，用這個小範本在要處理的圖像上從左掃到右，從上掃到下，看看能否發現眼睛，另外一個小範本負責發現鼻子等。什麼叫「發現鼻子」？就是負責發現鼻子的小範本是一張像鼻子的圖

案，這個圖案掃到鼻子處時重合度最大。什麼叫提取特徵？就是一開始這個鼻子圖案是個隨機圖案，像是隨手那麼一畫，掃一遍下來發現沒有什麼重合度，那就變一變這個圖案，最後變得和犯罪嫌疑人的鼻子很像時，重合度就會最大。等負責找出鼻子、眼睛、嘴巴等的範本圖案都和犯罪嫌疑人的吻合後就算訓練成功了。以後你輸入一張照片，機器就可以飛速地告訴你這個是不是犯罪嫌疑人。

在機器學習中，是機器自己尋找特徵。一開始機器並不知道要找哪些特徵。所以這些小範本並不知道它們要找鼻子或眼睛。這些小範本從開始的一個隨機圖形到最後一定會演變成五官嗎？答案是如果五官是人臉上最重要的特徵，這些小範本到最後一定會演變成五官。但神奇的是機器還能發現我們人類都沒注意到的人臉上的重要特徵。假如我們多加一個小範本變成六個，這六個中會有五個各自對應一個器官，還有一個就會找到一個新的特徵，如兩眼之間的距離，或者口鼻之間的距離，等等。所以小範本越多，抓到的特徵就越多，識別就越準確。

現在你要問，這個小範本發現鼻子和前面講的神經網路黑盒子的調旋鈕是什麼關係？其實這個小範本就是一組旋鈕，一個有 5×5=25 個像素的小範本就相當於 25 個旋鈕，每個像素的顏色濃度對應著一個旋鈕的某個位置，調旋鈕就是讓小範本裡的圖案越來越像犯罪嫌疑人的鼻子。我們之前講過，這個「調旋鈕」不是人工調的，是算出來的。

現在我們可以看看到底省了多少計算量，如果一張圖

AI 背後的暗知識

片是 1024×1024=100 萬像素，每個像素對應一個接收神經元，每層有 100 萬個神經元，這樣一個全連接的神經網路每一層要有 100 萬 ×100 萬 =1 萬億次計算。現在只要五個小範本，每個負責找到五官中的一個。每個小範本把圖片上下左右掃一遍的計算量是 5×5×100 萬 =2500 萬次，5 個範本就是 1.25 億次。計算量變成了原來的萬分之一！

我現在可以告訴你什麼叫「卷積」，上面說的小範本把圖片上下左右橫掃一遍發現重合度的過程就叫卷積。你看這個唬人的黑科技名詞其實就是這麼簡單的一回事。

上面是對卷積神經網路的基本原理的一個通俗解釋。對於想更深入瞭解的讀者可以看附錄 1 中一個典型卷積網路的精確描述。從附錄 1 中可以看出卷積神經網路不僅是一個高階的非線性網路，也是一個無法用方程式表達的函數。給定一個訓練資料集，最後這些資料之間的相關性都會凝結在網路參數裡。或者說神經網路是資料相關性的「萃取器」。但萃取了哪些相關性？為什麼萃取這些相關性則是人們未必能理解的。比如人臉識別，機器抓取的用於識別的人臉特徵可能是人類不熟悉的那些特徵，甚至完全沒有意識到的特徵。對於那些人類感官無法感受的複雜資料集，比如一個核電廠成千上萬個子系統產生的資料以及它們之間的相關性，那更是人類完全無法理解的。

卷積神經網路能做哪些事

　　首先，幾乎所有的圖像類的處理，如圖像分類、人臉識別、X 光讀片，都適合用卷積神經網路。圖像分類最著名的大賽就是史丹佛大學李飛飛教授創辦的 ImageNet（電腦視覺系統識別專案，是目前世界上圖像識別最大的資料庫）大賽。這個大賽提供 1000 種不同物體的幾百萬張圖片讓參賽者訓練自己的模型，參賽時給大家一些新的圖片讓參賽者識別，看誰的識別準確率最高。2012 年辛頓的學生亞力克斯・克里哲福斯基（Alex Krizhevsky）第一次用一個 5 層的卷積神經網路就把多年徘徊在 74% 的準確率一舉提高到 84%，震驚了業界。到 2015 年微軟的 152 層 ResNet 把準確率提高到了 96%，超過了人類的準確率 95%。從那以後進展就越來越小。有些公司組織大量的人力，採集更多的訓練圖片，嘗試更多的小範本，更精心地微調那些旋鈕，最後能達到比現有結果好 0.1%，然後就可以宣稱自己是世界第一了。但這個世界第一意義不大，因為沒有在網路結構上和演算法上有任何創新，當時人家一個研究生 Alex 一舉提高 10 個百分點，你撲上去幾十上百人提高 0.1 個百分點，不算本事。對不懂卷積神經網路的投資人、股民、政府官員來說，這塊「世界第一」的牌子還挺唬人的。但讀到這裡你以後就不會被唬了。

　　更有用的是通過識別一張圖片中所有的物體，甚至發現物體之間的關係來「理解」這張圖片。譬如機器看完一

張圖片後會説出來「藍天白雲下，一位戴草帽的年輕媽媽在草地上教孩子學走路，她們的小獅子狗在旁邊臥著」。

X 光讀片也是卷積神經網路一個很好的應用。假如要在胸片中發現早期肺癌，就需要拿大量已經確診的早期肺癌片子來訓練機器，這樣訓練好的機器就可以快速地發現肺癌。隨著 X 光儀、CT 機等醫療成像設備的普及，有經驗的讀片醫生非常稀缺。特別是在小城市、縣城、鄉村更缺乏這樣的好醫生。如果機器讀片能夠達到甚至超過北京、上海大醫院有經驗的醫生，將是普惠醫療的一個巨大進展。我們在第六章會專門講 AI 在醫療健康領域的應用，包括 X 光讀片的現狀和挑戰。

卷積神經網路雖然應用很廣，但它解決不了一些重要的問題，如股票預測和自然語言理解。下面我們就介紹可以解決這類問題的另一個很厲害的網路。

處理序列資訊的迴圈神經網路

為什麼需要迴圈神經網路

卷積神經網路可以處理圖像分類和識別。圖像資訊處理的特點是一張圖像的所有資訊同時給你，而且下一張圖像和上一張圖像可以完全沒有關係，就像是吃一盤餃子，先吃哪個後吃哪個都無所謂。但自然界還有另外一類資訊和圖像不同，資訊的先後順序很重要，不能前後顛倒，像

自然語言、股票曲線、天氣預報數據等。和圖像資訊的另一個不同之處在於這些資訊是連續產生的，無法分成一塊一塊的，像一次喝進去一瓶啤酒，你無法清楚地分成幾十「口」，你就是這麼咕嘟咕嘟連著灌下去的。我們把圖像這樣不分先後的資訊稱為「空間資訊」，把連續的、有先後順序的稱為「時間資訊」或「序列資訊」。卷積神經網路每次能處理的資訊都是個固定的量，所以不適合處理連續發生的資訊。

於是，一種不同的神經網路迴圈神經網路就應運而生了，它的結構比卷積神經網路還複雜。但迴圈網路背後的直覺和道理不難懂，其實掌握一門學科最重要的是理解背後的直覺，有些研究生、工程師可以背很多方程式，寫很多程式，但對背後的直覺並不清晰，這就大大限制了他們的想像力和創造力。我們這本書的目的不是要把大家訓練成工程師，而是通過弄懂背後的道理來對這個未來的大潮流有高屋建瓴的理解，從而產生全域性的把握。

在介紹迴圈神經網路之前，我們先看個例子。譬如我們在下面的句子裡猜詞填空：「我是台灣人，會講＿＿＿話」。在這裡如果我們沒有看到第一句「我是台灣人」就很難填空。這就是一個典型的根據前面出現的資訊對後面可能會出現的資訊的預測。循環神經網路就特別適合處理這類問題。這個網路有兩個特點，分別對應時間序列資訊的兩個特點：一是輸入端可以接收連續的輸入，二是可以記住資訊的先後順序。

迴圈神經網路背後的直覺

現在我們看看迴圈神經網路如何做這樣的預測。像其他神經網路一樣，第一步是訓練機器。我們先一句一句地訓練，比如訓練的第一句就是「我是台灣人，會講台灣話」。一開始訓練機器時，給機器一個「我」字，機器會亂預測，比如預測出下個字是介詞「但」，可「我但」沒意義。機器和訓練樣本一比知道自己錯了，就去調黑盒子上的旋鈕，一直調到機器會在「我」後面預測出「是」來。訓練就是這樣給機器讀大量的各種各樣的句子，當機器讀了很多以「我」開始的句子時，就會發現「我」後面一定是動詞，特別是關係動詞或能願動詞（能願動詞是指現代漢語中的一種用以表達可能、意願、必要的動詞，又被稱為情態動詞或助動詞）。，像「我是」「我要」。但「我」後面可以有很多動詞，「我想」「我吃」「我喝」，到底選哪個呢？這就需要更前面的資訊了。所以迴圈神經網路要存儲前面的資訊。當機器讀了很多「我是美國人，會講美國話」「我是日本人，會講日本話」這類的句子後，就會慢慢發現規律，這時候你讓它填「我是台灣人，會講＿＿＿話」的空時，它就把我是「什麼」人那個「什麼」給填進去了。這時候你會問，這好像不用這麼複雜的神經網路吧，只要統計每個詞後面出現的詞的機率，然後預測哪個機率最高不就得了？過去的確是這麼做的，但效果不好，像我們前面舉的例子，「我」後面的可能性太多了。那你會接著說：「我

們也統計前面更多的字不就得了？」那我問你，統計前面多少個字呢？要不要把片語和短句也作為一個單位來統計？但片語和短句多得數不清，你怎麼教會機器認識哪些是片語？你會發現越深究問題就越多，而且問題變得無窮複雜，以至於都不知道該提取哪些特徵。而神經網路可以自動找到那些人類找不到的或者根本沒意識到的前後資訊之間的相關性。就像我們之前講到卷積神經網路不僅能找到人臉的五官特徵，還能找到人平時不注意的其他特徵如兩眼間距等。有興趣的讀者可以看附錄 2 裡面關於迴圈神經網路的技術介紹。從附錄 2 裡可以看出由於迴圈神經網路裡有反饋迴路，整個網路更是一個高度非線性、無法解析表達的網路。迴圈網路萃取出的資料在時間上的相關性更是人類無法感受和理解的暗知識。因為人腦非常不善於存儲很長一段時間的資訊。

迴圈神經網路的神奇應用

迴圈神經網路的第一個重要應用是機器翻譯。機器翻譯最早是語言學家手工寫一大堆語法，然後根據單詞出現的順序用語法把它們組織起來。這是典型的「專家系統」。我們前面講過，這樣的手工系統無法應付千變萬化的自然語言。後來的機器學習翻譯就是前面說過的統計方法，統計大量的句子中每個字出現在另外一個字之後的頻率，然後挑選最可能出現的那個字。我們前面也說了這種方法的局

限性。現在最新、最強的機器翻譯，從谷歌、Facebook、微軟到百度統統都是用迴圈神經網路。翻譯和前面的填空例子相比，多了可用的資訊。例如英文「I am Chinese，I can speak mandarin」可以翻譯成中文「我是中國人，會講普通話」，機器翻譯除了可以根據前面出現的中文詞預測後面的中文詞之外，還可以根據整個英文句子和整個中文句子之間的對應關係來提高預測的準確性。這就是目前最廣泛使用的「編碼器－解碼器」翻譯模型。這裡用兩個迴圈神經網路，一個網路先把整個英文句子的結構資訊都壓縮到一個字元中，然後第二個網路在一個字一個字地預測時可以根據這個包含了整個句子的結構資訊做輔助判斷。機器翻譯正處在技術突破的邊緣，一旦突破將給我們的生活帶來巨變。

機器學習不僅在科學技術的進步上大顯神威，也開始進入人文領域。迴圈神經網路第二個有意思的應用是寫詩。我們會在第六章中詳細介紹。同樣的道理，還可以寫小說。只要讓機器大量閱讀一位作者的著作，機器就會學會這個作者的文字風格，甚至可以寫出海明威風格的《紅樓夢》，或者曹雪芹風格的《老人與海》。

迴圈神經網路很神奇，但我們下面要介紹的「強化學習」更神奇。

AlphaGo 與強化學習

　　機器學習迄今為止最讓人類驚奇的表現就是下圍棋。下圍棋的問題是當我每走一步時，如何使得最終贏棋的機率最大？如果我不走 150 步，只走兩步，每步雙方只隨機選 5 種走法，我走第一步有五種選擇，對方對我這五種選擇的每一種又有五種選擇，我走第二步一共有 5×5×5=125 種選擇。但通常走完兩步離終局還很遠，那我從走完第二步的這 125 個位置上各派出一批「偵察兵」，每個「偵察兵」蒙著頭一條道走到黑，看到岔路任選一條，儘快走到終局，如果猜對了，給這個出發點加一分，猜錯了，減一分。從每個位置上派出的「偵察兵」越多，從這 125 個出發點到終局的贏率就越準確。這個「有限出發點，隨機偵察」的方法有個唬人的專業名字叫「蒙地卡羅樹搜索」。蒙地卡羅是摩納哥的賭場區，所以蒙地卡羅就是「隨機」的意思。

　　但這種下棋策略只能勉強達到一二段的業餘水準，與圍棋大師相比還差得很遠。為什麼？因為「偵察兵」往前走時隨機選岔道實際上是隨機地替對方選了走法。我們不禁會想到：見到岔路隨機選多笨，完全可以根據陽光、蘚苔、足跡這些東西做個判斷。「偵察兵」很委屈地說：我怎麼知道該怎樣判斷？AlphaGo 想說：「人類 2000 多年下了那麼多盤棋，我能不能先學學？」這時候 AlphaGo 祭出了大殺器，就是我們前面講過的卷積神經網路。

　　卷積神經網路最適合處理圖像，經過大量圖片的訓練

後，你給它個新的圖片，它告訴你是貓、狗、汽車的機率分別有多少。對於下棋，問題轉化成：給個中盤，要判斷哪種走法贏的機率最大。在人類下過的棋局中，每個中盤都對應著一個走法。現在可以把一個中盤看成一幅圖像，把對應的走法看成與這個圖像對應的物體。現在找到中盤最好的走法就相當於判斷這幅圖像最像哪個物體。那我就拿人類下過的棋局來訓練 AlphaGo 裡負責走子的卷積神經網路決策網路。現在把 3000 萬個人類走過的中盤輸入給決策網路，調整決策網路上的旋鈕，一直到這個網路的走法和人的走法類似。現在 AlphaGo 已經是七八段的水準了，但還打不過大師，為什麼？雖然現在「偵察兵」每一步都是按人類的走法，但「偵察兵」的每一步只是替對方隨機選一個。如果能讓對方的選擇也按人類的走法，這條路對弈下去就更逼真了。AlphaGo 這時候拔了身上一根毫毛，吹口仙氣兒，「變！」又「變」出一個一模一樣的 AlphaGo。兄弟倆都是八段，再大戰百萬回合，又摸索出很多原來人類沒有探索過的捷徑，又產生了很多資料，繼續訓練決策網路，沒多長時間就打敗了李世石，再練一陣子，在網上打出 Master 的旗號，橫掃天下高手，無一失手，直至把柯潔挑下馬。

　　前面介紹的無論是卷積神經網路還是迴圈神經網路都需要大量的訓練資料，這也叫「監督學習」。在「監督學習」中通常有唯一或明確的答案，貓就是貓，狗就是狗。但生活中還有一類問題是沒有明確答案的。例如我們學習騎自

行車，沒有人能說清楚正確姿勢是什麼，不管你姿勢多難看，騎上去不摔倒就是對的。

這類問題的特點是答案不唯一但知道結果的對錯。這種通過每次結果的回饋逐漸學習正確「行為」的演算法就叫「強化學習」。在強化學習演算法中有一個「獎懲函數」，不同的行為會得到不同的獎懲。譬如我們在樓裡打電話時，如果訊號不好，我們就拿著手機，邊走邊問對方「能聽到嗎？」。我們得到的資訊並不能直接告訴我們哪裡訊號最好，也無法告訴我們下一步應該往哪個方向走，每一步的資訊只能讓我們評估當前的狀況是更好還是更差。我們需要走動、測試，以決定下一步應該往哪兒走。AlphaGo 的隨機樹搜索就是強化學習，通過派出「偵察兵」來測試某種走法的贏率。贏了加一分，輸了減一分，這就是強化學習中的獎懲函數，存儲各種走法輸贏積分的網路也叫「價值網路」。兄弟倆對戰就是站在人類肩膀上的強化學習。所以 AlphaGo 是監督學習和強化學習的混合方式。

在 AlphaGo 的學習過程中，人類的 3000 萬中盤僅僅把它領入門而已，進步主要靠兄弟倆自己廝殺。相當於你去學圍棋，一開始跟著你爸學，你爸就是個業餘玩家，你兩個星期就跟你爸學不了什麼了，以後都要靠自己琢磨了。AlphaGo 也一樣，想清楚這點，乾脆從零開始，人類 2000 多年積累的東西也許就是老爸那點業餘水準，學不學無所謂。AlphaGo Zero 橫空出世了，這個「Zero」就是從零學起的意思。AlphaGo Zero 從一開始就是兄弟倆自娛自樂，

和 AlphaGo 不同的是，在下每一步棋之前，不需要隨機地選 125 個出發點了，而是根據當前的小路「記號」和打分先在這個中盤選一個最可能贏的走法和「雙胞胎弟弟」試走一次到終局，試走過程中每一步雙方都用同一個決策網路指導如何走子。這個決策網路的功能很簡單：給我一個中盤，我告訴你所有走法的贏率，這樣一次到終局後就對從這個走法出發的路是否能贏多了點訊息。一路上邊走邊做記號，第一，記住有沒有走過這條路；第二，等到了終局後根據輸贏再記下這條路的好壞。這個「做記號」就是不斷更新價值網路。這樣在同一個中盤兄弟倆試走了幾萬次到終局，基本摸清哪條路好走，哪條路不好走，也就是對於這個中盤我已經估摸出了所有走法的贏率。此時，我用幾萬次試走出來的贏率來更新決策網路。更新的方法就是用這個中盤做網路的輸入，調試網路權重係數讓輸出的各走法贏率接近試走測出來的贏率。這一切做完後再根據測出的贏率鄭重地正式走一步棋。哥哥下完一步該弟弟走了，弟弟的程式和哥哥完全一樣，也是先試走許多次，用測出來的贏率更新決策網路，再根據測出來的贏率走子。以後兄弟倆就這麼不斷重複下去。AlphaGo Zero 誕生後的第一局的第一個中盤，兄弟倆完全是亂下，但第一盤走完就多了一點點知識，兄弟倆用這點可憐的知識走第二盤就比第一盤靠譜了一點點，架不住計算能力強大，AlphaGo Zero 每秒鐘可以走 8 萬步，平均一盤棋不到 400 步，所以兄弟倆一秒鐘相當於下 200 盤棋。每盤長進一點，到第 7 個小時，

也就是相當於下了 500 萬盤棋後就下得像模像樣了。一天半後，也就是相當於下了 2600 萬盤棋後就超過了戰勝李世石的 Alpha Go Lee。3 天后，AlphaGo Zero 就和 AlphaGo Lee 打了個 100：0。Alpha Go Lee 一共學了 3000 萬個中盤，大致相當於 3000 萬 /400=8 萬盤棋，這時 AlphaGo Zero 已經相當於下了 5100 萬盤棋。21 天后就打敗了橫掃天下無敵手的 AlphaGo Master，到 40 天后兄弟倆已經妥妥地稱霸天下，獨孤求敗。到這裡，AlphaGo 團隊終於松了口氣，放下了原先的一個最大擔憂：如果不讓人類引進門，從零學起，這兄弟倆會不會在野地裡瞎逛，在林子裡迷路，像夢遊一樣原地繞大圈，永遠都走不出來。這證明了在強化學習中只要每一步都知道對錯，有懲罰獎勵，兄弟倆很快就會放棄那些明顯不通的絕大部分的道路，很快就會找到一條正路。AlphaGo 用了 1200 個 CPU，176 個 GPU，而 AlphaGo Zero 只用了 4 個 TPU（張量處理單元）。計算資源的大幅度下降主要來自演算法的精簡，不需要用人類資料訓練了。由此可見，在不同的應用場景下，資料並非都那麼重要。在下圍棋這件事上，人類的經驗反而拖了後腿。AlphaGo Zero 給我們最重要的啟示是柯潔說的那句話，「人類下了 2000 年圍棋，連邊兒都沒摸著」。非常原始的機器在自己摸索了 36 個小時後，就超過了全人類 2000 年來摸索積累的全部圍棋知識。

現在請大家思考三個問題：

為什麼 AlphaGo Zero 從零學起反而比人強？

AI 背後的暗知識

AlphaGo Zero 再從頭學一遍，功力還和原來一樣嗎？
AlphaGo Zero 是不可戰勝的嗎？

神經網路悖論

　　讀者到這裡會發現一個悖論：神經網路是模仿人腦，怎麼能夠發現和掌握人腦無法掌握的知識？我們知道目前的半導體晶片中的人工神經網路只是對大腦的一個簡單模仿，無論是在神經元數量還是在連接的複雜性上都遠不如人腦。到底是什麼原因使得人工神經網路能夠在發現隱蔽的相關性方面遠超人腦，創造出如此多的神蹟呢？

　　第一個原因是人的感官和機器的「感官」相比實在太差。人的感官在幾億年的進化中主要是為了在自然界中覓食和求偶。所以只能感受到部分外部世界資訊。比如眼睛只能看到光譜中的可見光這一小段，無法「看見」從無線電波到毫米波再到遠紅外的電磁波，也無法「看見」從紫外線到 X 射線再到伽馬射線。人的耳朵也聽不到 20 赫茲以下的次聲波和 20000 赫茲以上的超聲波。不僅如此，人類的視覺和聽覺對強度的解析度非常粗糙，只能分出數量級。人類的觸覺、嗅覺、味覺解析度更是粗糙。而機器的「感官」，就是各類物理、化學、生物類的感測器則比人的感官精密得多。不僅可以「感受」到人類感受不到的資訊，對資訊的解析度也遠超人類。如果有辦法把這些感測器訊號不經過人類感官直接輸入大腦，人類大腦也能和機器一樣

發現資料間複雜隱蔽的相關性嗎？大腦能處理高解析度的外界資訊嗎？我們可以合理地推測出大腦的進化應該和感官相匹配。如果感官只能提供低解析度資訊，大腦處理高解析度資訊的能力就是一種浪費，這種功能要麼不可能演化出來，要麼即使偶然變異出來也會被進化無情地消滅。

第二個原因是電子神經元比生物神經元的傳輸訊號速度快，準確度高。由於人腦神經元在突觸部分的訊號是通過化學分子傳導的（細胞膜內外帶電的離子濃度差造成電壓差），每秒鐘大約只能傳導 400 次訊號。而電子神經元間的傳送速率就是晶片上不同電晶體之間的傳送速率，比人腦神經元要快幾萬倍。人腦神經元突觸之間的傳輸非常不可靠，平均每次傳輸的成功率只有 30%（這種隨機性也許是意識「湧現」的重要條件之一），而電子神經元之間的傳輸可靠性幾乎是 100%。人腦神經元由於結構複雜，不同神經元之間的電訊號會互相干擾，而電子神經元之間的干擾可以忽略不計。所以人腦神經元是一個慢騰騰的老出錯的系統，而電子神經元是一個高速的精密系統。

第三個原因是目前還沒有辦法獲得大腦內部每一個神經元的連接強度。即使我們有辦法把外界感測器訊號直接輸入大腦，大腦也可以處理這些資訊，這些資訊也只能被雪藏在一個人的腦子裡，成為無法溝通、無法傳播、無法記錄的默知識。但電子神經網路中的每一個神經元之間的連接強度，也就是兩個神經元連接的權重係數都是可以存儲、提取的。所以機器獲得的暗知識是可以傳播、複製、

記錄的。

　　所以對這個悖論的回答是，人工神經網路雖然是模仿大腦，但它具備了人類沒有的三個優勢：能「感受」人類感受不到的訊息，與人腦相比又快又準，每一個神經元的狀態都是可測量的。

神經網路五大研究前沿

　　之前介紹的幾種神經網路都是目前商用中的主流演算法，但機器學習的潛力還遠沒有被挖盡，現在每年關於機器學習的論文還在呈指數級增長，在研究型的大學裡任何關於機器學習的課程都爆滿。可以預期在今後 3~5 年中還會不斷有新的演算法突破，下面介紹的都是目前炙手可熱的研究方向，每一個方向的突破都會產生巨大的商業價值。

非監督學習

　　在前述的機器學習演算法中，我們總有一個訓練資料集合，即「標注資料」，如所有汽車圖片都會標注上「汽車」，所有貓的圖片都會標注上「貓」等。這樣在訓練的輸出端，我們就知道結果是否正確，因此可以用正確結果和輸出結果的差來訓練機器（調整各層的權重係數），就像一個媽媽教孩子認識東西，這類演算法叫「監督學習」。在機器學習中還有一種演算法不依賴於「標注數據」，叫「非監督學

習」，像一個孩子在沒人教的情況下自己學習。非監督學習最常用的情形是分類，例如一個孩子見過許多貓和狗後，如果大人不告訴孩子這兩種動物的名字，孩子也許不知道名字，但慢慢會知道貓和狗是兩種不同的動物。在商業上有很多應用，例如在行銷上面可以根據人群的不同屬性將其劃分成不同人群進行精準行銷；在社交媒體上面，可以根據人們之間的互動次數，劃出每個人的朋友圈子；在醫療診斷上面可以根據不同症狀之間的相關性更精確地預測還未發現的疾病等等。

增量學習和連續學習

目前的機器學習演算法都是「離線訓練」，先用一大堆資料訓練模型，訓練完測試好就拿去做識別用，在識別過程中，這個模型是固定的。如果發現了新的情況，有了新的訓練資料，就要把新資料和原來的老資料合在一起重新訓練這個模型，訓練完還要重新測試才能使用。許多互聯網巨頭每個月都要訓練幾十萬個模型，目前的計算量主要在訓練上。增量學習就是當有新資料時，只用新資料訓練原來的模型，使機器在原有的識別功能之上增加新的識別功能。連續學習就是能夠邊識別邊學習。這兩種學習算法都還在研究的早期階段。

生成對抗網路

　　監督學習的最大問題之一就是需要大量人工標注的數據。在很多情況下，要麼沒有資料，要麼標注的工作量太大。生成對抗網路（Generative Adversarial Network，GAN）解決了這個問題。因此 GAN 成為目前最炙手可熱的非監督學習演算法之一。

　　GAN 減少深度學習訓練所需的數據量的方法是：從少量的已有數據出發去創造出更多的新的標注數據多數情況下是圖像數據。

　　圖 3.13 是 GAN 的示意圖，圖中有兩個深度神經網路：G 和 D，其中 G 是生成網路，D 是鑑別網路。生成網路的任務是根據一組真實、有限的數據（例如一組圖片）生成更

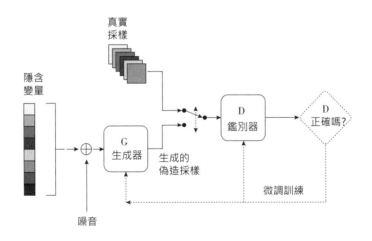

圖 3.13 生成對抗網路

多類似但不同的數據。然後把這些生成的數據和真實數據混在一起餵給鑑別網路。鑑別網路的任務是使用很少的真實數據訓練後，分出哪些是真實數據哪些是生成數據。如果生成網路生成的數據能被鑑別網路認出來不是真實數據，就說明生成網路模仿得不夠真實，需要繼續調整網路參數，目的是讓鑑別網路分不出來。如果鑑別網路分不出來真假，就說明鑑別網路不夠好，需要繼續調整參數分出真偽。這樣「道高一尺，魔高一丈」地持續對抗下去，兩個網路就越來越好：生成網路模仿得越來越真，鑑別網路越來越「火眼金睛」。當兩個網路打得難解難分時，生成網路生成出來的數據就和真實數據無法分辨。當缺乏足夠多的真實數據時這些生成數據就可以用於神經網路的訓練了。

可以把這個過程想像為一個員警和假幣製造者之間的鬥智，偽造者想把假幣做得像真的，員警希望看到任何鈔票時都能鑑別出真偽。兩個對抗網路也在彼此學習，也就是說，當一個網路努力去鑑別假幣時，另一個網路就能把假幣做得越來越真。

另一個例子是生成對抗網路可以模仿名畫。經過訓練之後的最終結果是，一個網路可以像梵谷、畢卡索一樣作畫，另一個網路能以你聞所未聞的洞察力鑑別畫作。這對於醫療等領域來說非常重要，在這些領域中，由於隱私的需要，可用的資料非常有限。GAN 可以填補缺失的資料，自行製作完全「臆造」的病患資料，而這些資料在用於訓練 AI 時和真實資料同樣有效。深度生成模型有廣泛的應用，

包括密度估計、圖像降噪（從低解析度或高噪音的圖像中生成高品質圖像）、圖像修復（從部分殘缺的圖像中恢復完整圖像）、資料壓縮、場景理解、表徵學習、3D 場景搭建、半監督分類或分級控制等。

相比判別模型（例如 CNN），生成模型更厲害的原因如下：

（1）能夠從資料中識別並表現出隱藏的結構，例如三維物體的旋轉、光強、亮度或形狀等概念。

（2）能夠想像世界「可以是什麼樣」，而不是僅僅展現世界「已經是什麼樣」。

（3）通過擬合併生成近似真實的場景，可以預見未來。

遷移學習

遷移學習的一個例子是當一個神經網路學會了中文翻譯成日文，再讓它學德文翻譯成英文時就比從頭訓練要花的時間少得多。

這裡面的道理在於語言的結構有很多相似的地方，一旦掌握了這些結構，學習下一個就快了。這和人的技能學習類似。可以想像，只要兩種任務的結構有相似之處，就可以用遷移學習的方法。

學習如何學習

學習如何學習也叫「元學習」。目前所有的神經網路都是為了一個單一任務而被設計和訓練的。換一個不同的任務，例如從識別圖片換成學下棋，原來的機器就完全不工作了。目前的所謂「元學習」並非讓機器和人一樣掌握舉一反三的能力，而是讓同一個機器適應更多種類的工作。一個辦法是訓練時用多個種類的任務來訓練。另一個辦法是把機器分為兩個層次：學習任務的機器和觀察學習過程的機器。如果後者能夠領悟出不同任務之間的相關性，就可以更快地學習新任務。

神經網路可以有許多不同的結構，例如不同的層數、不同的連接方式，等等。把這些結構看成一個可能的空間，讓機器自己在這個空間中尋找對給定問題的最佳結構。

深度學習的局限性

上面介紹了一些目前最熱的神經網路，例如卷積神經網路、迴圈神經網路、強化學習、生成對抗網路等，它們有很多神奇的地方，在實際中也得到了相當廣泛的應用。但神經網路也好，深度學習也好，都不是萬能的，它們有其自身的局限性。神經網路的一個局限性是，需要依賴特定領域的先驗知識，也就是需要特定場景下的訓練，說白了就是神經網路只會教什麼學什麼，不會舉一反三。神經

網路的這個局限性，是因為神經網路的學習本質上就是對相關性的記憶，也就是說神經網路將訓練資料中相關性最高的因素作為判斷標準。打比方說，如果一直用各個品種的白色狗來訓練神經網路，讓它學會「這是狗」的判斷，神經網路會發現這些狗最大的相關性就是白色，從而得出結論：白色＝狗。在這種情況下，讓這個神經網路看見一隻白貓，甚至一隻白兔子，它仍然會判斷為狗。機器學習的這種呆板行為，用專業術語描述叫「過度擬合」。如果想讓神經網路變得更聰明，就必須用各種顏色、各個品種、是否穿衣服等各種場景下的狗來訓練神經網路，如此它才有可能發現不同的狗之間更多的相關性，從而識別出更多的狗。人類則不同，一個兩三歲智力發育正常的孩子，在看過幾隻狗之後，就能認出這世上幾乎所有的狗了。無須大量標注資料和特殊場景的訓練，只需要少量的資料，人腦就可以自己想清楚這個過程。在這方面，目前的神經網路和人腦相比，還有很大的差距。

再如前面提到的汽車和貓的例子，如果一直用正常的汽車來訓練這個神經網路，那麼當神經網路突然看到圖 3.14 的時候，很有可能無法把它認作汽車，而覺得它更像貓。

這個問題在自動駕駛領域顯得尤為突出，由於道路交通狀況的複雜性，各種交通指示標誌的多樣性，想把所有的道路交通場景都訓練到顯然是不可能的。2016 年特斯拉第一起自動駕駛致死的事故也和這個原因有關。

神經網路的另一個局限性是無法解釋結果為什麼是這

圖 3.14 機器學習會把這輛汽車當成貓

樣,因為人類無法理解暗知識,所以更無法解釋。對於神
經網路這個「滿是旋鈕的黑盒子」,每個旋鈕為什麼旋轉到
那個位置,而不是多一點或者少一點,都是無法解釋的。
這個不可解釋性在許多涉及安全和公共政策的領域都是很
大的問題。例如,醫療涉及人的健康和生命,醫生的診斷
需要根據極為嚴謹的醫學邏輯,因此醫療對於人工智慧的
可解釋性要求遠高於其他行業,極少有醫院或醫生敢把無
法解釋的診斷結果用在患者身上。然而由於神經網路自身
不具備醫學邏輯,其輸出的結果也缺乏醫學上的解釋性,
因此目前人工智慧在醫學上的應用,無論是影像識別還是
輔助診斷,都需要專業醫生的覆核,距離取代醫生還有較
大的距離。

人工智慧之所以有上述兩個局限性，主要是因為目前的神經網路只有相關性的學習能力，沒有因果推理能力，更無法把一步一步推理的過程表現出來。因此，想要克服這兩個局限性，我們需要有因果推理能力的人工智慧。要實現這件事情，人工智慧需要做的，不僅是識別場景，還需要將識別出來的場景和它具體的功能以及想做的事情結合起來，從而實現合理的邏輯推理。

　　讓我們看看人腦是如何理解一個場景的。當人進入一個新的房間時，會很自然地對這個房間的大小，裡面各個物品的大小、位置等有一個大致的認識。之後，人腦會把識別出的場景和物品，與其功能一一匹配，例如，床是用來躺的，而且是一張雙人床可以躺兩個人，椅子是用來坐的，杯子是用來喝水的等等。然而值得注意的是，上述的幾何重建和功能推理，其精度是和具體任務相結合的。例如，人一開始看到杯子，會匹配它喝水的功能，並看到它放在桌子上，判斷距離自己兩三米遠，這個距離判斷是非常不精確的。然而當人真的需要喝水時，喝水成為一個任務，人在走過去拿杯子的過程中，不斷地、更加精確地判斷自己和杯子的距離，直到非常精確地拿到杯子。這個過程就是一個典型的任務驅動的場景識別和功能推理。

　　此外，人類對於功能的推理，並非會拘泥於具體的物體，而是能抽象出這個物體和功能有關的物理特性，從而匹配其功能。仍然以喝水為例，如果房間裡沒有杯子，但是有一個瓢、一個盤子、一根　麵杖，人會很自然地選擇

瓢作為喝水的工具（如果連瓢都沒有則可能選擇盤子），因為瓢可以作為容器的物理特點和杯子是一致的。而且，選擇了瓢之後，人拿瓢的動作，喝水的動作，都會和拿杯子不一樣，這同樣是由杯子和瓢不同的物理特性決定的。由此可見，人對於物體的功能推理，是會根據任務的要求，抽象其物理特性，從而推理它的功能並完成任務，因此人工智慧的場景識別和功能匹配，是需要基於場景和物體的物理特性來完成的，而不僅僅是識別和標定具體功能。

這種基於任務驅動的因果推理和當前的神經網路的對比如下。（見表 3.1）

目前在這個方面探索的代表人物是加州大學洛杉磯校區（UCLA）的圖靈獎獲得者朱迪亞‧珀爾（Judea Pearl）教授以及他的同事朱松純教授。他們認為可以建立一個基

	神經網路	任務驅動
物體識別	識別物體是什麼 如果沒訓練過，就無法識別	識別物體的物理特性 即使沒訓練過，也可以識別
功能匹配	通過標定和訓練匹配功能 如果沒訓練過，就無法匹配	通過物體特性匹配功能 即使沒訓練過，也能匹配功能
驅動本質	數據標定驅動	任務驅動
數據數量	需要大量數據訓練	只需要少量數據
推理能力	無	有推理能力

表 3.1 神經網路和任務驅動的對比
資料來源：朱松純，《正本清源》，2016 年 11 月刊登於《視覺求索》。

AI 背後的暗知識

於常識之上的「機率決策圖」，也叫「機率語法圖」。這個模型把人類的常識和世界模型都包含進來，又採用貝葉斯原理，可以像人類一樣不需要許多資料就能學會，在處理許多問題上效率遠高於神經網路。在高科技領域，矽谷一家由史丹佛大學教授威德羅的弟子創辦的人工智慧公司 Vicarious 得到了著名風險投資人泰爾（Peter Thiel）、特斯拉創始人馬斯克、臉書創始人馬克‧祖克柏（Mark Zuckerberg）和亞馬遜創始人貝佐斯（Jeff Bezos）的投資。他們也是採用了機率決策圖的方法。雖然目前他們是少數派，但也許若干年後會異軍突起，就像神經網路坐了 50 年「冷板凳」今天突然一飛沖天一樣。

逐鹿矽谷—
AI 產業爭霸戰

這一章不談理論和技術，只談 AI 的產業生態。

對於想抓住 AI 時代投資機會的人，這章提供了對 AI 產業和商業的一個基礎理解。沒有讀過前面章節的讀者也可以直接讀這一章。

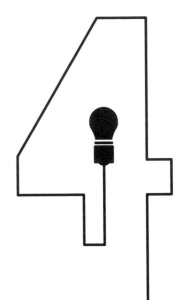

最新技術巨浪

　　人工智慧毫無疑問是繼移動互聯網之後的一次超級大浪，其規模和影響至少是互聯網級別的。這次創新大浪啟動的標誌性事件是 2012 年的 ImageNet 比賽。ImageNet 目前有 1400 萬張圖片，其中上百萬張有文字標註。標註的文字通常是用短語描述該圖片的內容（例如「草地上臥著的一條黃狗」）。ImageNet 的比賽主要是看誰的程式能夠最準確地識別出圖片的內容。在 2012 年以前，識別主要是人工選擇物體特徵並且寫出識別這些特徵的程式，準確率的最高水準一直在 74% 左右徘徊。2012 年，克里捷夫斯基（Alex Krizhevsky）使用多層神經網路 Alex Net 一舉把識別率提高了 10 個百分點，達到 84%。

　　這個突破性結果立即引起了產業界的強烈興趣和關注。谷歌大腦的負責人傑夫・迪恩（Jeff Dean）敏銳地發現了這個重大機遇，他用了一年的時間說服了谷歌當時的 CEO 兼創始人賴利・佩吉（Larry Page），開始全公司大舉轉型 AI，隨後 Facebook、微軟、百度等科技巨頭紛紛跟進。如圖 4.1 所示，在今後幾年，神經網路不斷提高識別的準確率，終於在 2015 年達到 96% 的準確率，超過了人類所能達到的 95%。這些突破證明了機器學習可以開始解決實際問題，也讓工業界認識到了巨大的商業潛力。但這個突破來之不易，AI 走過了 60 年的艱辛道路。

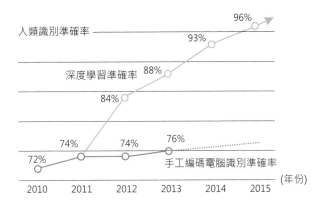

人類識別準確率
深度學習準確率
手工編碼電腦識別準確率
(年份)

96%
93%
88%
84%
74%
74%
76%
72%

2010　2011　2012　2013　2014　2015

圖 4.1 2010—2015 年 ImageNet 大賽歷年識別準確率
圖片來源：http://yann.lecun.com/。

AI 突破三要素

　　AI 發展了 60 年，為什麼到今天能夠突破？這是由於長期積累的三個條件成熟了。

　　第一個條件是計算能力。計算能力和半導體的集成度（在單位半導體材料面積上可以集成的電晶體的數量）直接相關。從第一個積體電路電晶體誕生以來，在過去的 50 年中，半導體的集成度的增加速度基本遵循「摩爾定律」。1965 年 4 月 19 日，《電子學》雜誌（Electronics）發表了快捷半導體公司（俗稱仙童半導體公司）工程師高登・摩爾（Gordon Moore，後成為英特爾的創始人之一）撰寫的文章《讓積體電路填滿更多的組件》，文中預言半導體晶片上集成的電晶體和電阻數量將每年增加一倍。1975 年，摩

爾在 IEEE（電機電子工程師學會）國際電子元件大會上提交了一篇論文，根據當時的實際情況對摩爾定律進行了修正，把「每年增加一倍」改為「每兩年增加一倍」，而這個定律經過傳播演化，變成今天普遍流行的說法「電腦運算速度每 18 個月提升一倍，價格每十八個月下降一半」。1970 年一個晶片上的電晶體數量約為 1000 個，今天一個晶片上的電晶體數量達到 100 億個，不到五十年中提高了 1000 萬倍。相應地，計算能力也提高了 1000 萬倍。目前雖然單個晶片的電晶體數量增加速度放緩，但人們開始把成百上千個晶片封裝在一起以便提高全部的計算速度。

計算能力對人工智慧的巨大推動還體現在一個標誌性事件上 GPU（圖形處理器）被用於訓練 AI 演算法。2009 年，史丹佛大學電腦系教授吳恩達和他的博士生拉加特・藍恩納（Rajat Raina）第一次提出由於神經網路中大量計算可以並行，用一個 GPU 可以比雙核 CPU 快 70 倍，原來需要幾周完成的計算一天就可以完成。之後紐約大學、多倫多大學及瑞士人工智慧實驗室紛紛在 GPU 上加速其深度神經網路。贏得 2012 年 ImageNet 競賽的 AlexNet 同樣用的也是 GPU。從此之後，GPU 就在神經網路的訓練和識別中樹立了公認的王者地位。再到後來 AlphaGo 發威戰勝人類頂級圍棋手，背後則是谷歌自行研發的專為深度學習使用的 TPU（張量處理器，英語：tensor processing unit，縮寫：TPU，是谷哥為機器學習全客製化的人工智慧加速器專用積體電路，專為谷哥的深度學習框架 TensorFlow 而設計）發

揮了重要支撐，每個 TPU 可以提供 10 倍於 GPU 的計算能力。在本章中將會詳細分析為什麼 TPU 比 GPU 快。

第二個條件是資料。如果說演算法是火箭發動機，那麼資料就是燃料。由於互聯網的發展和各類感測器（例如在各種環境中的溫度、位置、壓力等物理化學變數的測量，社會中大量監控攝影機的存在）成本的大幅下降和廣泛安裝，根據 IDC（互聯網資料中心）的監測統計，2011 年全球資料總量已經達到 1.8ZB（1ZB=1 萬億 GB），相當於 18 億個 1TB 的移動硬碟，而這個數值還在以每兩年翻一番的速度增長，預計到 2020 年全球將總共擁有 35ZB 的資料量，增長近 20 倍。

這比從人類出現到電腦出現前產生的所有資料都多。以目前的感測器技術發展速度，若干年後回頭看今天的資料量，不僅量小而且資料獲取的密度和廣度都遠遠不夠。

第三個條件就是那批甘願坐「冷板凳」的科學家經過了幾十年的積累，終於從 2006 年開始在演算法上有了重大突破。當時在多倫多大學任教的辛頓教授在美國《科學》雜誌和相關的期刊上發表了論文，證明了深度神經網路的能力和實用性。從此，基於多層神經網路的深度學習理論成為本輪人工智慧發展的重要推動力，相當於過去飛機從達·芬奇設計的扇翅膀的飛行器變成有螺旋槳的發動機，人工智慧的概念和應用開始一路攀升，語音辨識、機器視覺技術在幾年間便超過了人類的水準。

正是算力、資料、演算法這三個要素同步成熟，形成

合力，終於帶來了今天 AI 的爆發。這三個要素中最重要的是計算能力的發展和演算法的互相促進。

金字塔形的產業結構

一個產業的生態主要是指這個產業有哪些環節和這些環節之間的關係，例如哪個環節是生態的瓶頸並掌握最強的砍價能力。更深入的產業生態分析還包括各個環節的未來發展以及對整個生態的影響。AI 的產業生態如圖 4.2 所示，是一個金字塔形的結構。

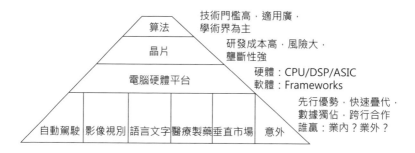

圖 4.2 AI 產業生態的金字塔形結構

金字塔的下層對上層有依賴性，但反之不成立。也就是說上層是驅動力，是自變量，下層是驅動結果，是因變量。金字塔的寬度大致對應市場規模和公司的數量。所以越上層對整個行業的影響越大但市場規模越小，越下層市場規模越大但影響越小。

AI 背後的暗知識

產業的皇冠：演算法

我們前面說過，AI 近年的突破性發展的三個驅動因素之一是神經網路演算法的突破。其實這是三個因素中最重要的因素，因為其他兩個因素（計算能力和資料量）屬於「搭便車」。目前研究演算法主要集中在美國的一流大學和幾家超級互聯網公司（谷歌、Facebook、亞馬遜、微軟、IBM、百度等）。大學的演算法研究大部分都是學術性和公開的，而大公司的演算法研究最核心的只留給自己用。專門研究演算法的私人企業屈指可數，一家著名的算法公司就是被谷歌收購的大勝圍棋世界冠軍的 DeepMind。另一家是由矽谷老將，曾經做出世界上第一台掌上型電腦 PalmPilot 的傑夫·霍金（Jeff Hawkins）創辦的 Numenta（公司名來自拉丁文 mentis，意為「心靈」）。Numenta 是一個由私人資助的研究所，他們過去十幾年專注於發展一種叫作層級時序記憶（Hierarchical Temporal Memory，HTM）的演算法。這種演算法受大腦新皮質中錐體細胞的啟發，網路結構遠比各種神經網路複雜。這種演算法的一個特點是可以連續學習。神經網路都有一個缺陷，在模型訓練完畢後，如果有新資料可以用，就必須把新資料和原來的老資料合併在一起重新訓練模型。而 HTM 的連續學習沒有這個缺陷，當新資料來了以後，只要繼續把新資料餵給模型即可。HTM 的第二個優勢在於可以將物理世界的基本常識融入模型。Numenta 並不尋求直接提供商業解決方案，而是

僅僅提供演算法的許可，讓合作夥伴用自己的演算法來解決商業問題。Numenta 還提供了開源的平台，讓更多的開發者在這個平臺上完善 HTM 演算法。從 Numenta 出來創業的威德羅教授的博士生迪萊普・喬治（Dileep George）基於 HTM 創辦了一家做機械手通用軟體的公司 Vicarious。相對於應用，純粹做演算法的公司少得可憐，原因主要是缺乏商業模式。

技術制高點：晶片

半導體晶片是一切資訊技術的基礎，有了晶片才有電腦和存儲，有了電腦和存儲才有互聯網，有了互聯網才有大資料，有了大資料才有人工智慧。在這每一波的發展中，晶片都是最關鍵的環節，晶片廠商總是處在霸主地位。在大型機時代，能夠自己開發晶片的 IBM 獨佔鰲頭。在個人電腦時代，能夠生產出最好的 CPU 的英特爾成為新的霸主。在移動通信時代，高通（Qualcomm）幾乎壟斷了手機晶片，直接挑戰英特爾的霸主地位。在雲端計算大資料時代，三星（Samsung）憑藉自己在存儲芯片方面的優勢成為世界半導體第一大廠家。在人工智慧時代，誰將是新的霸主？

這個新霸主的桂冠很可能落在矽谷的半導體公司輝達（Nvidia）頭上。輝達成立於 1993 年，創始人是出生於中國台灣，小時候隨父母來到美國的史丹佛大學畢業生黃仁勳（Jensen Huang）。公司最初是做電腦圖形顯示卡，20

AI 背後的暗知識

多年來一直在研發銷售圖形顯示卡和圖形處理晶片 GPU。除了工業應用之外，圖形顯卡的最大市場是電腦遊戲，今天高端電腦遊戲裡面幾乎清一色用輝達的顯卡。當電腦遊戲市場開始成熟後，輝達也曾經想進入手機市場並收購過相應的公司，但是並不成功。直到 2012 年上天為準備好了的輝達掉下一塊「大餡餅」，這個餡餅就是我們前面提到過的 2012 年的 ImageNet 比賽。在這個比賽中取得突破的 AlexNet 的發明人亞歷克斯就使用了輝達的 GPU，證明了 GPU 非常適合用於有許多平行計算的神經網路，比 CPU 快得多。在這之後的幾年，其他人都開始採用 GPU，比誰能將網路做得更大，層數更多。從此以後，GPU 成了神經網路計算的引擎，相當於 CPU 對電腦的作用一樣。

為什麼 GPU 會成為神經網路計算的引擎？訓練神經網路就相當於調黑盒子上的旋鈕，調旋鈕是通過數學的演算法調的，這些旋鈕動輒幾十億個，需要大量的計算。傳統電腦用的是 CPU，用 CPU 去調旋鈕相當於調完第一個再調第二個，一個一個按順序來，雖然現在 CPU 很快，但神經網路的旋鈕實在太多了，連 CPU 都招架不住了，這時候 GPU 就出現了。

GPU 和 CPU 不一樣的地方是它一次可以同時調成千上萬個旋鈕，原來 CPU 幾年才能調完的活 GPU 幾天就幹完了（有興趣的讀者可以看附錄 3 中關於 GPU 的技術描述）。GPU 的出現，讓神經網路可以更大，因而處理能力更強，從一個純學術的研究項目變為有巨大商業價值的工具。

深度學習需要用 GPU 的主要有兩類：模型訓練和識別。前者不光要處理大量訓練資料，還要不斷地試驗不同的模型和參數，因此運算量巨大，一個訓練模型可能要成百上千個 GPU 來算。識別的計算量少很多，但是用戶多（例如谷歌、Facebook 的用戶都以 10 億計），所以總的運算量更大，通常是模型訓練的幾十倍甚至上百倍。由於幾乎所有的深度學習都從輝達買 GPU，所以輝達晶片一直供不應求，其股票從 2015 到 2017 年漲了 10 倍。

　　面對如此大的權力和利潤，其他公司都心有不甘。首先是英特爾不甘心被摘下霸主桂冠，開始在 CPU 裡集成更多的核心，2017 年的 Xeon Phi（處理器）裡面多達 72 個核。但 CPU 畢竟還要做許多其他事情，單論深度學習還是遠不如同檔次的 GPU。超微半導體公司（Advanced Micro Device，AMD）發揚一貫的「寧做老二」的傳統，在 CPU 上緊盯英特爾，在 GPU 上緊盯輝達，永遠走「功能類似，價格便宜」的路線。其他幾家互聯網巨頭也不想眼睜睜地看著輝達控制著深度學習的命脈。谷歌就捲起袖子自己做了一款自用的 TPU。TPU 的設計思路是這樣的：既然 GPU 通過犧牲通用性換取了在圖形處理方面比 CPU 快 15 倍的性能，為什麼不能進一步專注於只把神經網路需要的矩陣運算做好，進一步提高速度呢？所以 TPU 設計的第一個訣竅是比 GPU 更專注於神經網路裡面計算量最大的矩陣計算，而不需要像 GPU 一樣去顧及圖形處理的許多需求。TPU 的第二個訣竅是採用低精度的計算。圖形與影像處理

需要很高的精度（通常用 32Bit 浮點精度），而用於識別的神經網路的參數並不需要很高的精度。所以谷歌的第一款 TPU 就專門為識別設計，在運算上放棄 32Bit 的浮點運算精度，全部採用 8Bit 的整數精度。由於 8 比特的乘法器比 32Bit 的簡單 4×4=16 倍，所以在同等晶片面積上可以多放許多運算單元。谷歌的第一款 TPU 就有 65000 個乘加運算單元，而最快的 GPU 只有 5300 個單元。有興趣的讀者可以看附錄 3 中對於 CPU、GPU 和 TPU 的詳細技術分析和比較。

對於機器學習的晶片市場，不僅各大半導體廠商在攻城掠地，美國、中國、歐洲至少有幾十家新創公司也在摩拳擦掌。新創公司有機會嗎？

神經網路晶片大致可以分成三大類。第一類是資料中心裡面使用的用於訓練模型和識別的晶片。目前這類晶片幾乎被輝達壟斷。這類晶片客戶不惜成本，不太計較耗電，只要計算速度快。這些晶片通常都用最新的半導體工藝以便集成最多的電晶體。截至本書成稿時，最先進的開始成熟商用的半導體工藝是 7 奈米晶圓線，使用最新的工藝成本也最高，一個晶片從研發、設計、流片、測試到量產的過程耗資動輒數十億美元，新創公司通常沒有這麼多錢，風險資本也不願意冒這麼大風險。即使能生產出來，銷售也是一個極大的問題，要說服大客戶們使用一家沒有驗證過的晶片極為艱難，除非新創公司的晶片能比現有晶片快至少 10 倍以上。如果要比現有晶片快 10 倍以上，那麼新

創公司在設計階段至少要比市場最快晶片快 100~1000 倍，因為現有廠商也不會原地不動，也在不斷地設計新一代的晶片。即使一個新晶片能快 10 倍，程式設計軟體環境包括編譯器、程式庫等完善也需要若干年的時間。綜上原因，一家新創公司想覬覦資料中心市場風險非常大。

第二類是用於汽車自動駕駛或機器人中的晶片，這類晶片的耗電不能太大，例如在電動汽車裡，晶片耗電不能使電池巡航距離降低超過 1%。對成本有一定的要求，計算速度也要比較快。目前輝達的 GPU 是各大汽車廠商的首選，輝達也將自動駕駛作為最重要的佈局領域。

AMD、高通、英特爾都在競爭這塊市場。高通曾經想以 440 億美元收購荷蘭半導體廠商恩智浦（NXP）公司，因為恩智浦的晶片已經廣泛用在汽車的各個控制系統裡。2017 年 3 月，英特爾以 153 億美元收購以色列汽車視覺公司 Mobileye，從而在高級輔助駕駛系統（ADAS）市場實現領先。AMD 聯合了原本是輝達合作夥伴的特斯拉開發適用於自動駕駛的 AI 晶片。在巨大的市場潛力的吸引下，一些新創公司也進入這個領域。但整體而言新創公司在這個市場的機會也比較小，原因類似：研發成本太高，客戶（汽車公司和它們的一級供應商）大而保守等。

第三類是用於各類終端的晶片，例如用於監控攝影機、手機、醫療設備、小型機器人等。這類晶片要求耗電非常低（例如手機），成本非常低，在機器學習類的運算中速度只要能比 CPU 快 10 倍以上即可。新創公司在這一類晶片

中機會最大。在這類終端晶片中，以手機市場最大，但進入一流手機廠商的機會也最小。例如蘋果、三星、華為等一流手機廠商幾乎都用自己的晶片以便提供差異化用戶體驗，對它們來說設計一個神經網路加速器的難度並不高。2017 年蘋果、華為已將 AI 元素融入自家晶片，發佈內置 AI 晶片的 iPhone X（蘋果手機）、Mate10（華為手機）等。另外，手機晶片廠商絕不會放棄這個未來市場，高通、三星、聯發科等計畫在 2018 年也推出融入人工智慧的晶片產品，其他手機廠商也會陸續使用神經網路晶片。即使是二三流的手機廠商也一定要求 AI 加速晶片被集成到 CPU 裡而不是增加一個新的晶片（這樣幾乎不增加成本）。新創公司根本不可能開發一個全新的帶 AI 加速器的 CPU，最多只能把自己的 AI 加速器的設計給 CPU 晶片公司使用，但 CPU 晶片廠商都有自己設計 AI 加速器的能力，所以 AI 晶片的新創公司想進入手機市場幾乎沒有可能。

監控攝影機市場規模非常大，尤其是許多國家或城市正在打造智慧城市，AI 晶片的需求潛力很難估量，很多 AI 晶片和演算法創業公司都將安防作為最重要的落地場景之一，但該領域的集中度也很高，給安防設備廠商提供影片處理晶片的公司一定會把 AI 功能集成進去，安防設備龍頭廠家也會研發自家的 AI 晶片。所以新創公司的最大機會在於為那些還不存在的或者目前規模很小的應用提供晶片，例如各種小機器人、物聯網（Internet of Things，縮寫 IoT，是網際網路、傳統電信網等的資訊承載體，讓所有能行使獨

立功能的普通物體實現互聯互通的網路的應用）。投資人要賭的是這些目前大廠看不上的市場會在短短幾年內爆發。

生態大戰 ── 程式設計框架的使用和選擇

在 AI 領域經常聽到一個新技術名詞叫作「程式設計框架」。這個程式設計框架和過去我們熟悉的「程式設計語言」「作業系統」是什麼關係？簡單講，所謂程式設計框架就是一個程式庫。這個庫裡有許多常用的函數或運算（例如矩陣乘法等）。這樣的程式庫可以大大節省程式設計人員的時間。這些程式設計框架的程式庫大多都是「物件導向」的高級程式設計語言，例如 C++（電腦程式設計語言）、Python（一種物件導向的解釋型電腦程式設計語言）等。高級程式設計語言易於程式設計但效率低，低級程式設計語言例如組合語言程式設計複雜但效率高。用這些高級程式設計語言寫的程式庫可以在各種不同的作業系統上運行，例如 Linux（一種自由和開放原始碼的作業系統）、Windows（微軟電腦系統）、MacOS（蘋果電腦系統）等。

作為機器學習的一個早期現象，現在有許多種不同的程式設計框架在競爭。其中比較著名的有 TensorFlow、theano、Caffe、MXNet、CNTK、torch 等。這些不同的程式設計框架的本質類似，通常都由以下五部分組成。

張量對象

張量就是一組多維的資料。例如一組 24 小時每小時平均溫度的資料就是一個有 24 個資料的一維張量，也叫向量。一張 480×640 像素的黑白圖像就是一個二維張量，也叫矩陣。第一個維度有 480 個資料，第二個維度有 640 個資料，共有 480×640=307200 個資料，每個資料的值就是這張圖中一個像素的灰度。如果是一張彩色圖像，每個像素又可以分解為紅、綠、藍三原色，這張圖像就變成一個 3D 的張量，一共有 480×640×3=921600 個數據。張量是一種能涵蓋各種資料的形式，不論要處理的資料是天氣、股票、人體生理指標、語音、圖像還是影片，都可以用不同維度的張量表示。這樣資料的統一的表達使數學運算形式的表達也能夠統一：都是張量運算。所以在機器學習計算時（不論是訓練模型還是識別特徵）都要先把資料轉化為張量形式，計算結果出來以後，再從張量形式轉化為原來的資料形式。在所有的張量裡，最常用的就是二維張量，即矩陣。下面為了直觀易懂，我們在討論過程中都用矩陣作為張量的代表。

對張量的運算

基於神經網路的機器學習在本質上是對輸入資料的一系列矩陣運算、卷積運算和非線性運算（例如只取正值，

負值一律等於零的運算）。作為模型訓練，通過反向傳播不斷地調整加權係數（即矩陣的各個元素）使最後的輸出與目標值的差達到最小。作為特徵識別，將輸入資料經過一系列矩陣和非線性運算後提取出某個訓練過的特徵，然後再拿這個特徵和一類已知特徵比較進行分類。這些常用的運算例如矩陣乘法、非線性處理等都可以成為程式庫裡的一個運算或函數。當我們調用這個函數時，只需要把該填的參數填進去，例如矩陣的大小和內容，而不必再自己寫矩陣的具體運算。

運算流程圖和程式優化

許多程式設計框架都提供可視運算流程圖，這個工具可以把一個神經網路的全部運算用框圖的方法畫出來，框圖中的每個節點就是程式庫中的一個函數或運算（用程式設計語言説叫作一個物件），這樣整個運算非常直觀，也容易找到程式漏洞。當運算流程圖畫出來以後，程式設計框架就可以自動把流程圖變成可執行程式。對於一個複雜的程式，用可視流程圖方法畫出來後有全域觀，很容易優化（改動流程圖比改程式容易）。編譯器（把用程式設計語言寫的程式轉化成電腦底層指令的內置程式）可以根據流程圖優化底層資源（記憶體、計算等資源）的分配。

AI 背後的暗知識

自動求導器

在神經網路訓練時最複雜的計算就是把輸出誤差通過反向傳播，用梯度下降法來調整網路各層的加權係數直至輸出誤差最小。這個計算基本是一個連鎖的在網路各層對權重係數集求導數的計算。在大部分的程式設計框架中，這個連鎖求導被打包成一個運算函數（在 Python 程式庫裡是一種「類」）。在有些提供高級應用接口的程式設計框架中，例如 TensorFlow，甚至把整個「訓練」打包成一個運算（「類」）。在把運算流程圖畫出來以後（等於定義好了神經網路的大小和結構），只要調用「訓練」這個運算開始運算訓練資料，就可以得出訓練好的網路參數。

針對 GPU 的線性代數運算優化

傳統的許多線性代數的函數是在 CPU 上運算的。前面介紹 GPU 時講過，GPU 的特點是大量的平行計算。線性代數中的運算許多都是矩陣運算，而矩陣運算中有大量可並行的計算。由於目前 AI 的計算平臺以 GPU 為主，所以許多原來常用的線性代數函數和運算包要重新寫，讓這些運算充分並行。但這部分工作不影響程式設計框架使用者的使用方式，這些優化後的介面和使用方式保持不變。

這些程式設計框架都是早期的機器學習程式設計者為了自己方便使用而積累出來的程式庫。它們形成的時間不

同，目的相異，解決的問題的側重面也不同。有些框架提供的可調用程式屬於底層（每個函數或運算相對基本，相當於蓋房子的磚頭），需要程式設計人員透徹理解神經網路，這些底層程式庫的好處是編出來的程式靈活性高、適用性強、運行效率高。有些框架提供的調用程式屬於高層（每個函數或運算複雜，相當於蓋房子的樓板材料，如同一面牆）。不太懂神經網路的人也能很容易程式設計，但程式靈活性和適應性受限制，運行效率低。另外一個主要不同之處是程式庫內的函數和運算的具體實現方法不同，有些效率高，有些效率低。關於各主要程式設計框架在使用單個和多個 GPU 進行機器學習中最常見的矩陣運算和卷積運算的效率比較，可以參見香港浸會大學褚曉文教授的論文《基準評測 TensorFlow、Caffe、CNTK、MXNet、Torch 在三類流行深度神經網路上的表現》。想更多地瞭解這些程式設計框架的讀者可以參閱附錄 4，其列出了目前業界的主要程式設計框架。

開源社區與 AI 生態

我們從程式庫的介紹可以看出，幾乎任何早期的機器學習的程式設計者都會自己編寫一些常用的函數和運算，建一個自己用的或自己的公司內部用的程式庫。發源于大學的這些程式庫，例如發源於加州柏克萊大學（UC Berkeley）的 Caffe，通常從一開始就是「開源」的，也就

AI 背後的暗知識

是這些程式庫裡面的原始程式碼都是公開的。近年來谷歌、Facebook、微軟、亞馬遜等公司也將自己的程式庫開放原始碼（以下簡稱開源）。為什麼它們會如此「大公無私」？當然這些公司內部推動開源的技術人員中不無理想主義者，希望通過開源來推動機器學習的快速發展。但公司作為一個營利主體，開源的主要商業動機是吸引更多的軟體程式設計人員使用自己的程式設計框架，滋養一個圍繞著自己的程式設計框架的生態系統。那麼「開源」這個遊戲是怎麼玩的呢？程式原始程式碼開放後隨便什麼人都可以改，如何控制品質？下面我們就介紹一下「軟體開源」這個遊戲的歷史和規則。

軟體開源在美國有悠久的歷史，最成功的開源專案就是互聯網的開發。從 1962 年蘭德公司提出互聯網的概念，到 1968 年頭三個網路節點（史丹佛大學、史丹佛研究所、加州洛杉磯大學）的連接，再到網路通訊協定 TCP/IP 的開發和成熟，其間沒有任何政府部門出面組織，也不受任何一家公司控制，完全靠社區志願者。美國這個國家就是從社區到小鎮，到州，再到聯邦這樣自下而上建立起來的。當 1620 年從英國駛往新大陸的「五月花」號輪船被季風從原來的英王特許地紐約吹到北邊的荒無人煙的今天叫作波士頓的地方時，船上的 102 名男性清教徒在一起訂下了「五月花號公約」。這份公約就是美國第一個社區的「鄉民公約」。之後美國的各個移民社區都是這種自治管理模式，沒有官，也沒有「上級」，所有的社區都由社區居民自己定

規則，自己管理。「政府」就是自己訂的鄉民公約。所以在美國獨立戰爭後許多人認為根本沒有必要成立一個聯邦政府。這種強大的自治傳統是開源軟件的文化基礎。所以像互聯網這樣無中心，沒「領導」的「怪物」只能在美國成長起來，在世界任何其他地方都不太可能。這和技術無關，而和文化、歷史有關。互聯網的技術很簡單，只要有一台顯示終端、電話線和提供資訊的電腦就可以搞互聯網了。其實世界上聯網最早的國家不是美國，而是法國。法國 1968 年就開發出了「Minitel」（法國自行建立的國家網路，建成早於互聯網），由法國郵電部開發、控制。1982 年就在全國鋪開，給每個居民家裡面安裝一個統一的終端，通過電話線連接到郵電部的資料庫裡，可以查天氣、訂票等。法國這樣的歐洲大陸國家有悠久的皇權傳統，從一開始就和美國的思路完全相反，一切由郵電部控制。在互聯網的衝擊下，法國 Minitel 和其他國家政府控制管理的互聯網門戶一樣早就蕩然無存。回過頭看，孰優孰劣一目了然。

軟體開源也是一個社區，這個社區也有鄉民公約，這個公約的主要內容就是鼓勵每個人分享對開源軟體的改進。經過多年的演進，目前開源社區的公約大多使用「Apache2.0 協定」。這個協議的主要規則如下：任何人都可以使用 Apache2.0 協定許可下的軟體，並且可以用於商業；任何人都可以任意修改原有的軟體，並將修改後的軟體申請商標和專利，但修改的軟體必須注明使用了 Apache2.0 的許可，必須明確標示修改的部分。開源社區允許在開源軟體的基

礎上開發自己的商用軟體，而大多數商用軟體是不願意公開的。那麼開源社區如何解決「搭便車」的問題呢？這個問題就像問為什麼總有人願意出頭為社群出力，為什麼人會有利他的動機。答案在於種群的競爭和演化。設想遠古兩個鄰近的部落，第一個部落裡面的所有人都很自私，另一個部落裡面有些人願意為大家冒風險和做事，第二個部落的合作能力和戰鬥力就會比第一個強，兩個部落發生戰爭時第二個部落就會把第一個部落消滅了。那些「純自私」的人的基因就無法遺傳下來，而獲勝存活下來的基因中就會有利他成分。就像我們在日常生活中看到的一樣，一個社群中願意犧牲自己的利益為大家服務的人雖然總是極少數但永遠存在。開源社區其實是同一個道理，在裡面免費幹活不斷改進軟體的人也是少數，所以許多開源社區都是一路艱難。但是對於那些逐漸成為重要基礎設施的開源軟體，例如互聯網協定、作業系統 Linux 等，就會有更多的人來關心和付出。例如許多商業公司使用了這些開源軟體，一旦公司做大，這些公司就非常關心這些開源軟體的改進、更新和安全。這些公司就會出錢出力。還有一些用戶也會捐獻，許多常年依賴維基百科學習和檢索的讀者，因為希望這個工具越來越有用，就會定期捐款支持。筆者已經不能想像離開維基百科這樣的工具該怎麼工作和生活。但以上這些因素仍然沒能徹底解決開源社區「搭便車」的問題。這和我們在一個社群社區的情況完全相同，總有人會「搭便車」。區塊鏈技術的出現也許能徹底解決這個問題，這

又是一個很長的話題。筆者也許會在下一本關於區塊鏈對社會的衝擊的書中詳述。

所以有了開源的程式設計框架以後，大量的 AI 應用開發公司就可以使用現成的程式庫而不必從頭開始。這就大大降低了 AI 應用的技術門檻。一個不懂機器學習的有經驗的軟體工程師，可以用一個月時間在網上學一門機器學習的基礎課程，再花一周時間就可以掌握像谷歌的 TensorFlow 這樣的程式設計框架。所以今天融資的新創技術型公司都可以說自己是「AI 公司」。如果這些公司的技術都使用開源程式設計框架，它們的技術差別就很小。因此這些公司比拼的是對某個行業的理解和在該行業的行銷能力，以及對該行業資料的佔先和佔有程度。有 AI 技術實力的公司通常不完全依賴開源的程式設計框架，而是自己開發很多自己專用的底層程式庫，甚至有自己的程式設計框架。

在 AI 的開源運動中，除了各大學和各大技術公司的開源編程框架，還有一些純粹的公益組織。其中最著名的就是由「鋼鐵俠」馬斯克和迄今最成功的孵化器之一 Y Combinator 的創始人山姆・奧特曼（Sam Atman）創建的 OpenAI。創辦 OpenAI 的動機有兩個：一是不能讓大公司控制人類未來最重要的技術之一。這一點和當年賈伯斯、蓋茨發起個人電腦革命時的驅動力相同：不能讓 IBM 這樣的大公司壟斷電腦技術。二是現在就開始警惕 AI 對人類社會的潛在威脅（我們將在第七章專門討論此問題）。OpenAI 的使命是「AI 民主化」。意思是要讓更多的人掌握 AI 技術，

讓更多的人受惠於 AI。也有人反駁說讓每個人都掌握一種威力無比強大的技術是否使人類更安全？應該說對 AI 的擔心是明確的，但如何使 AI 更安全的路徑是模糊的。但這就是那些創業家的性格，只要大方向對了就先幹起來再說。OpenAI 的最大挑戰是如何吸引第一流的人才。在矽谷，頂級的 AI 人才的工資、獎金、期權加起來每年可達數百萬美元，而 OpenAI 作為一家非營利性機構，只能給出一般的市場價（例如每年 20 萬 ~30 萬美元）。即使如此，也曾經吸引了重量級的 AI 大神，例如發明了生成對抗網路的伊恩·古德費洛（Ian Goodfellow）等人。OpenAI 的主要研究工作集中在通用人工智慧，使用開源社區的方法吸引全世界的 AI 人才來貢獻。OpenAI 是否能夠最終成為 AI 生態中的一支重要力量，還要看他們的研究結果是否能被廣泛應用，要看這些為理想而來的年輕人能否禁得住市場以 10 倍以上的待遇把他們挖走。

亂世梟雄

今天的 AI 就像 20 年前的互聯網，是兵家必爭之地。幾乎所有的大公司都在爭奪高地。其中最有代表性的就是世界上幾大科技和互聯網巨頭：谷歌、Facebook、亞馬遜、微軟、IBM、百度、阿里巴巴、騰訊等。這些巨頭可以分為三類：第一類是掌握大量使用者資料的互聯網公司；第二類是微軟和 IBM 這樣的技術公司；第三類是華為、小米等

這類缺乏資料，但有應用場景，又希望通過 AI 提升自身產品的公司。第一類公司首先在自己的資料上全面使用 AI 技術，例如圖片搜索、使用者行為預測、智慧推薦等。第二類公司則希望打造 AI 雲計算讓客戶使用。第三類公司積極和前兩者進行合作，或快速將它們的 AI 開源能力運用到自身的產品中。在互聯網公司中，技術驅動型的公司例如谷歌和百度都是在 AI 戰略上最激進的公司。谷歌放棄了「移動第一」的戰略，提出「AI 第一」的新戰略。百度也宣稱自己是一家 AI 公司，要全力以赴投入 AI（all in AI）。谷歌和百度除了在自己的資料優勢上全面使用 AI 以外，也四面出擊，企圖進入自己不佔有資料優勢的垂直行業，例如自動駕駛和醫療健康行業。中美的搜索公司在進入垂直行業上比社交網路和電子商務公司更激進的另外一個原因是搜索公司的使用者資料比社交和商務的使用者資料「淺」，挖掘的價值沒有社交和商務用戶高。

這些互聯網和科技巨頭都在雲計算方向上激烈競爭，每家都希望自己的 AI 雲計算佔有最大的市場份額，亞馬遜、谷歌、百度、IBM、騰訊等都在其雲計算平臺推出了電腦視覺、語音辨識、自然語言處理、翻譯等能力。谷歌傳統的雲計算市場份額遠不如亞馬遜，但 AI 為其提供了一個翻身的機會。谷歌開發自己的 TPU，除了降低成本以外，更重要的是 TPU 能夠對 TensorFlow 程式設計框架下的計算提供更快的計算。相對于亞馬遜的雲服務 AWS 等競爭對手，谷歌不僅可以提供成本更低、擁有更強 AI 能力的雲計

算服務，還可以進一步吸引更多的人使用谷歌的程式設計框架 TensorFlow。這樣 TensorFlow 和谷歌的雲計算服務的綁定就越緊密，TensorFlow 和基於 TPU 的雲計算就形成了正迴圈。目前 TensorFlow 的 SDK（開發套件）在全球有 1000 萬次下載，遍佈 180 個國家和地區。同時谷歌雲 AI 團隊正在快速降低 AI 技術上的門檻。2018 年初，谷歌發佈全新的「自訂機器學習模型」（Cloud AutoML），不會用谷歌程式設計框架或任何程式設計框架的人也可以創建機器學習模型，使用者只需上傳資料便能自動創建機器學習模型，包括訓練和調試。目前已經有上萬家企業使用谷歌的自動機器學習雲服務。

華為在通信設備、移動終端領域有領先優勢，雖然該公司很早就部署了 AI，但是在 AI 技術上整體還是大幅落後于谷歌、百度這類公司。因此該公司採用了全面開放合作的態度，構建自身的 AI 能力，以便升級現有的產品與服務能力。華為通過開放平台的搭建，在晶片層一開始採用了寒武紀的 NPU（嵌入式神經網路處理器），在語音交互方面採用了科大訊飛和自主研發相結合，並通過開放的架構和戰略合作將谷歌的 TensorFlow、百度的 PaddlePaddle 等深度學習能力便捷地提供給開發者與合作夥伴，並和微軟聯合開發內置於系統層的機器翻譯功能，以及和商湯等公司聯合開發 AI 技術，以便為旗下產品打造更多的 AI 型應用，拉開和競爭對手的距離。

大衛和哥利亞

　　大公司既有技術又有資料，那新創公司怎麼活？簡單來講，新創的 AI 公司要進入大公司不佔有資料優勢的那些垂直的行業。

　　這樣的行業又可以分為兩類：一類是新興領域，以前完全沒有人做，一切從頭開始；另一類是原有行業，例如金融、保險、能源等。新創公司進入第一類行業最容易，因為大公司通常不會進入一個全新的、市場還未知的領域，自動駕駛和人臉識別都是這樣的新興領域。目前在美國和中國做自動駕駛的新創公司有上百家，在中國做人臉識別的公司也有數百家。與任何新興領域一樣，這些新創公司的大部分將被淘汰或併購，尤其是自動駕駛，其屬於未來汽車廠商之間競爭的核心技術，又牽涉到安全。大車廠不可能把這樣的技術交給一家創業公司（二流以下車廠有可能，所以還是有市場的）。它們要麼自己組建研發隊伍，要麼收購最好的自動駕駛軟體公司，目前幾乎所有的一線國際大車廠都已經這麼做了。自動駕駛軟體公司遇到的第二個問題是它們的軟體通常要通過一級供應商（Tier1）的集成後進入車廠。但一流的一級供應商也認為自動駕駛是它們未來的核心競爭力，也是要麼自建研發，要麼收購，也不會把人命關天的事交給一家新創公司。所以那些沒能被收購的自動駕駛軟體公司最後要麼去攻比較簡單的、限定的場景，例如校園、景區、社區等，要麼去攻垂直市場，

例如卡車、港口、倉庫等。而人臉識別由於應用場景不同，客戶要求不同（例如發現犯罪分子和掃臉支付要求完全不同），所以可以容納更多的廠家存活。

現在難以看清楚的是那些既有錢又有資料的傳統行業，例如金融、能源、醫療等。在這些領域有三類競爭者：第一類是本行業內部的團隊，例如許多證券公司已經開始大規模自建 AI 交易和理財團隊。第二類是各大互聯網公司企圖挾巨大技術優勢進入或者顛覆傳統行業，例如谷歌和騰訊都企圖進入醫療領域。第三類是企圖進入垂直行業的新創 AI 公司。兩個有意思的行業是證券交易和醫療圖像。前者幾乎都在建立自己的團隊和能力，而後者則基本都和外面合作。對於證券公司來講，AI 演算法是未來交易的核心技術，證券公司必須掌握。交易演算法必須由技術團隊和交易團隊緊密配合快速反覆運算，演算法和資料必須嚴格保密，所以很難外包。而醫療成像識別目前主要是提高 X 光閱片效率，不是生死攸關的技術，X 光閱片對於一家醫院來說只是很小的一部分業務。美國的大連鎖醫療集團例如凱撒（Kaiser Permanente）等還有一些內部的技術資源，大部分美國和中國的醫院基本沒有這樣的技術能力。醫療圖片即使洩露到同行手裡，對醫院本身也不會造成致命傷害。所以它們願意承包給外面做。新創 AI 企業是否能順利進入傳統行業，要看 AI 技術在這個行業中的作用和對資料的敏感程度。預計銀行和保險行業將和證券業類似，不會願意分享資料外包 AI，大銀行和保險公司都將以自己為主。

所以 AI 公司只能去攻那些中小規模的企業，它們自己沒有技術能力，又面臨被淘汰的危險。還有一種做法就是與新業態合作，例如新興互聯網銀行、互聯網保險。這些公司有互聯網和大資料基因，屬於行業新進入者，做法激進，天然擁抱 AI 技術。但對這類公司來說，AI 將是核心技術，它們最終還是要自己做，也許會收購外包團隊。

總體來講，今天 AI 創業公司進入傳統行業的商業模式還都不清晰，如果有選擇，那麼在為傳統行業增加效率和從外部顛覆傳統行業兩者之間，前者更容易，但後者利益更大。

許多人今天對 AI 新創公司的一個擔憂就是使用者資料都在互聯網巨頭手裡。這是一種靜態的看法，今天互聯網公司的資料主要是人們使用電腦和手機產生的流覽資料，它們並不掌握下列幾大類對人類有用的，AI 也需要用的資料。

（1）人類本身的資料，例如身體資料和心理資料。

（2）環境資料，其中包括自然環境、社會環境。

（3）各種人類勞動過程資料，例如農業、工業、服務業的過程資料。

人類勞動過程中的資料是未來最重要的資料，勞動過程無非是對一個給定的環境施加一組行為，讓這個給定的環境變得對人類更有利（例如給一塊地播種、灌水、施肥，使之長出農作物，冶煉鐵礦石變成鋼，給患者打針吃藥治癒疾病）。只要這個環境能夠被測量（農作物的產量、礦

石和鋼鐵品質、人體健康程度），這組行為能夠被控制（澆水施肥量、高爐溫度、藥的種類劑量），機器學習就可以被用來優化這個過程。所以一切能夠被測量的環境和過程都將產生機器學習需要的資料。幾十年以後回頭再看，人類上網和玩手機產生的那點數據根本就不叫資料。如果把資料比作金礦，那麼互聯網巨頭今天擁有的無非是地表面沙土裡一層淺淺的金沙，真正的金塊都還埋在迄今沒發現的地方。這些地方有些是我們前面提到的現有行業，有些是我們今天還沒看到的環境和過程。隨著各類感測器成本的降低，越來越多的環境被更細密地感知。隨著物聯網的普及，這些無所不在的感測器將搜集到比今天互聯網大許多數量級的資料。

　　新創公司和大公司競爭的最大的優勢還是人才和激勵機制。創業者通常都是最優秀、最有激情、敢於冒險的一批人。新創公司在一個全新領域可以隨時掉頭，快速反覆運算，迅速摸清市場需求，它們所有的腦筋都會放在如何滿足使用者需求上。而在大公司很少有人願意冒風險嘗試新東西，有些專案會牽涉許多部門利益，想做一件事要花大量時間去協調，有時還會打得不可開交。凡是在大公司待過的人對此都深有體會。以半自動駕駛功能為例，特斯拉率先推出自動線道保持功能，使駕駛員開車時可以不扶方向盤。這個線道識別技術最初是以色列公司 Mobileye 提供的，其他使用 Mobileye 方案的汽車廠家按理說都可以推出這個功能但卻沒有，因為這個功能風險很大。傳統車廠

的中高層經理打死都不會簽字發佈這個功能，後來也確實出現了交通事故的例子。特斯拉發佈這樣的功能極可能就是老闆自己下的決定，因為除了利益之外，創始人天天泡在產品上，對細節非常瞭解，做決定時心裡多少有數。一個新功能誰都無法打包票，不冒這樣的風險就無法在自動駕駛技術上領先，無法領先新創公司就存活不下去。而傳統大公司的 CEO 都是職業經理人，對某個具體功能不可能瞭解得那麼細，要依賴一層一層的建議，如果下面沒人願意擔這個風險，CEO 就不敢隨便簽字。傳統大公司的第二個問題是激勵機制無法和新創公司比。大公司那點獎金和期權沒法與創業公司的期權比（如果成功），大公司內部的人事鬥爭和協調成本都會把那些智商高的技術天才嚇跑，即使招來也會氣走。傳統車廠有資金、管道，甚至也掌握了相應的技術，由於上述種種原因也只能眼睜睜地看著特斯拉這樣的公司冒出頭來把它們甩得越來越遠。

AI 的技術推動力

許多人都在關心 AI 這波行情還能走多高、走多遠。如果說演算法是 AI 引擎的設計，算力是引擎的馬力，資料是引擎的燃料，那麼讓我們分別看看這些技術推動力的發展。

演算法

前面介紹過，目前新演算法層出不窮，有些在繼續沿著神經網路的方向走；有些開始探討其他路徑，例如貝氏網路、支援向量機；有些在把不同的演算法融合起來；有的乾脆另闢蹊徑，提出新的人腦認知模型。演算法的研究目前非常活躍，在未來5~10年還會有大量新的演算法湧現。

算力

算力的增加基於摩爾定律。目前除了晶片的線寬繼續變窄（最新半導體製程 4 奈米）導致集成度繼續變高以外，還有各種封裝技術，例如 3D 晶片封裝可以將 64 個晶片重疊在一起。目前晶片的耗電比人腦耗電還大幾個數量級，在許多資料中心能耗成為制約瓶頸，大幅度降低耗電也是晶片設計的重要方向。雖然單個晶片計算能力的增長變緩，但是現在傾向於用越來越多的晶片。對於 AI 計算來講，不論是訓練還是識別，重要的不僅是單個晶片的能力，更是能夠把多少晶片有效地組織在一起來完成一個計算任務。2012 年以前還很少使用 GPU，現在一個計算任務動輒使用成千上萬個 GPU 或專用計算晶片，例如 TPU。2018 年 OpenAI 發佈的一份報告顯示，自 2012 年以來，在 AI 訓練運行中所使用的計算能力呈指數級增長，每 3.5 個月增長一倍。

2012~2018 年，這個指標已經增長了 30 萬倍以上。具體說就是 2018 年谷歌的 AlphaGo Zero 比 2012 年 ImageNet 大賽獲勝的 AlexNet 快了 30 萬倍。

數據

資料的增加基於感測器或記憶體越來越便宜，幾乎所有傳感器和記憶體的成本都是由晶片成本決定的。當晶片集成度提高，晶片需求量增大時，感測器和記憶體的成本會大幅度下降，更多的感測器會產生更多的資料。

綜上所述，推動 AI 的三個技術要素都在快速發展，所以目前 AI 只是萊特兄弟剛剛把飛機飛離地面，離 5 馬赫超音速還很遠。

從市場看，目前受到 AI 衝擊的傳統行業還很少，大部分行業還沒有開始被改造、被顛覆，因為 AI 從業者都在忙乎進入那些沒有傳統巨頭的行業，例如人臉識別和自動駕駛。

圖 4.3 是一個很著名的「新技術成熟度曲線」。互聯網過去 20 多年的發展就非常符合這條曲線：一個新的重大技術創新一開始沒多少人相信，但超過一個轉捩點後就開始被熱炒，大家的期望值都很高，大量的資金盲目進入，很快發現技術還不成熟，遠不能達到期望值，大家都很失望，行業跌落到穀底。但這個技術其實只是需要時間，經過一段時間成熟起來，就會重新站上高地。就互聯網來說，今

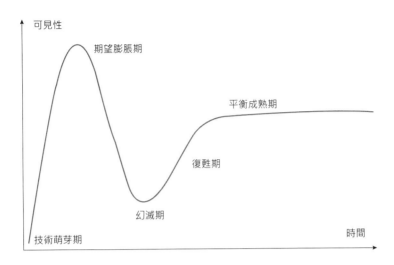

圖 4.3 新技術成熟曲線
圖片來源：https://www.gartner.com/smarterwithgartner/whats-new-in-gartners-hype-cycle-for-emerging-technologies-2015/

天的發展遠遠超過了 2000 年泡沫時最狂野的想像。

　　那麼 AI 處在這條曲線的什麼位置呢？ 大約在峰值剛過，還遠未到低谷。注意這條曲線只是個一般性規律，並不準確，也不一定適用所有新技術，即許多新技術都會經歷這麼兩個起伏，但不同的技術起伏幅度不同。筆者預測 AI 有「冷靜期」而沒有「幻滅期」，因為 AI 在許多行業都已經證明有用。回頭看過去幾年還是有一些泡沫，泡沫體現在某些領域出現大量同質化公司和這些領域融資的估值上面。據不完全統計，中美兩國的自動駕駛公司已經超過 100 家，中國號稱做人臉識別的公司有數百家。顯然市場不

需要這麼多家企業。在自動駕駛領域一個沒有任何收入，也看不到清晰商業模式的公司可以喊價到數億美元的估值。估值泡沫通常都是由於一次估值離譜的收購造成的。通用汽車公司在 2016 年宣稱以 10 億美元的估值收購了位於三藩市的 Cruise Automation，以後所有的自動駕駛公司都以這次收購作為自己估值的對標。所有投資自動駕駛公司的投資者都賭自己投資的公司也會被高價收購。但是即使所有大的品牌汽車商都收購一家自動駕駛軟體公司，市場也不需要上百家同質化的公司。當供大於求時，收購價格也會大幅度降低。筆者預計在今後 2~3 年中，大部分同質化公司在資金耗盡後將因為無法進一步融資而死亡，與此同時，少數幾家技術獨特或市場能力強且資金雄厚的公司將快速發展。

目前許多融資的新創公司都宣稱自己是 AI 公司或者使用 AI 技術。但這些公司的技術大多是用幾大公司的開源程式設計框架，例如谷歌的 TensorFlow 和輝達的 GPU 或者市場上的雲計算服務。技術高度同質化，沒有任何壁壘。就像當年任何公司都說自己是 .com 公司一樣。那麼我們如何判斷一家 AI 創業公司的價值呢？首先，應該看是否能夠拿到別人拿不到的資料。做到這一點很難，你能拿到的資料別人通常也能拿到。如果不能獨佔資料，那就要看有多大先發優勢。如果進入一個行業早，通過快速反覆運算，讓自己的模型在這個行業中變得有用，就可以得到更多的資料和資源，後進者即使拿到同樣的資料，模型品質差也

打不進去。其次，要看該企業對所進入行業的獨到理解和業務開發、落地能力。當然如果能夠針對本行業在演算法上有突破，就能夠大大提高進入壁壘。

AI 與互聯網的三個區別

這次 AI 創新浪潮堪比互聯網，但是 AI 浪潮和互聯網浪潮有三個區別。

第一個區別是 AI 從一開始就要顛覆傳統行業。互聯網 1994 年起步時從經濟的邊緣開始，和傳統產業似乎一點關係都沒有，沒有人懂一個網站能幹什麼。互聯網 20 多年來逐步從邊緣蠶食中心，直至今日影響每個行業。但即使是今天，互聯網對製造業、農業、建築業、交通運輸等搬運原子的行業的影響也局限在媒體和行銷方面，沒有進入製造業的核心。而 AI 的特點是從第一天起就從傳統產業中心爆炸，自動駕駛對汽車行業的顛覆就是一個典型的例子。

第二個區別是技術驅動。互聯網除了搜索以外基本沒有太多技術，主要是應用和商業模式。互聯網創業者完全可以是不懂技術的人。目前為止 AI 創業者以技術大拿居多。當然隨著 AI 技術的普及，許多有商業頭腦的人只要看明白 AI 在一個行業的價值也可以拉起一家公司，但目前最稀缺的是 AI 的高級技術人才。

第三個區別是可能不會出現平臺性公司或贏家「通吃」的局面。互聯網的一個特點是連接供需雙方，一旦用戶超

過一個門限，後來者就很難趕上，所以很容易形成贏家「通吃」的局面。但在 AI 產業裡目前還沒有看到這樣的機會，不論是自動駕駛還是人臉識別都是一個一個山頭去攻，無法在短期內形成壟斷。造成融資泡沫的一個重要原因就是有些投資人還以為 AI 和互聯網一樣贏家「通吃」：只要投中第一名，多貴都值。

　　簡單用一句話說就是互聯網是 to C（對用戶）的生意，AI 是 to B（對企業）的生意。AI 中 to C 的生意都會被現有互聯網巨頭吸納，創業者的機會在於 to B。

AI 背後的暗知識

颶風襲來——
將被顛覆的行業

本章探討在未來十年內,人工智慧將給哪些商業領域帶來翻天覆地的變化。

有了第三章對機器學習基本原理的瞭解,就能深刻體會到為什麼機器學習將造成這些商業的顛覆。但即使沒讀第三章也完全能理解本章。

自動駕駛顛覆移動──10 萬億美元的產業

人工智慧未來十年最大的市場之一就是通過自動駕駛徹底顛覆汽車的製造、銷售、本地出行和物流行業。

自動駕駛感測器

如果讓機器開車，機器就要和人一樣能做四件事：第一，感知：離車 100 米處是一輛大卡車還是行人天橋。第二，判斷：馬路邊站的人是要搶在我的車前衝過去還是在等我的車先開過去。第三，規劃：什麼時機擠進邊上的車流中去。第四，控制：為了實現規劃，如何控制方向盤的角度和車速。以上四點除了控制是成熟技術以外，其他三點都還在反曲點上。圖 5.1 是一輛自動駕駛汽車的感知系統。

第一個重要的感測器就是監控攝影機。監控攝影機由於受到像素的限制，只能看清前面幾十米，但也能分辨不同的物體。監控攝影機還能夠做到其他所有感測器都做不到的：識別交通標誌。監控攝影機是目前最成熟的感測器，也是最便宜的感測器。但是從監控攝影機裡識別物體和標誌並不容易。監控攝影機的弱點是看不遠，尤其是遇到雨、雪、霧霾天氣時，監控攝影機就不行了。能夠彌補監控攝影機弱點的另一個傳感器是毫米波雷達。毫米波雷達可以看清 200~300 米甚至更遠的距離，不受日光和天氣影響，還能精確測量物體的距離和速度。

AI 背後的暗知識

但現有的毫米波雷達的空間解析度很低，也就是雖然知道 200 米處有一個物體在以每小時 50 公里的速度移動，但弄不清是摩托車還是汽車。如果結合雷達和監控攝影機的資料，就可以更準確地檢測和跟蹤目標。當一個物體在距離 200 米處時，該物體在監控攝影機裡還是一個黑點，但是可以根據相應的雷達資料獲得該物體的距離和移動速度。等物體稍微近點，監控攝影機就可以看清這個時速為 50 公里米的物體是一輛摩托車。監控攝影機 + 毫米波雷達是半自動和自動駕駛車輛最基本的配置（少了任何一個都不行），也是目前（2018 年）特斯拉所有車型的標準配置。

圖 5.1 自動駕駛汽車所需的感測器
圖片來源：https://insideevs.com/googles-self-driving-cars-ready-road-video/。

傳統毫米波雷達的主要問題是空間解析度太低。解決
這個問題有兩種辦法。一種辦法是將單一天線變成一組天
線（4個、8個、16個等），天線越多，多個天線合成的空
間解析度就越高，但是天線多體積也隨之變大，不容易安
裝。另外一種辦法是利用汽車移動或訊號變化做出「適應
型陣列天線」。後者對技術要求很高，必須建立在對雷達
成像的深度理解之上，並且需要許多年的設計經驗。美國
的 Oculii 公司已經研發出 77GHz 的高解析度點雲成像雷達。
圖 5.2 就是這個雷達產生的點雲資料，已經和市面上的中低
精度光學雷達可比。如果毫米波雷達能夠達到高解析度，
一輛自動駕駛汽車只要監控攝影機和毫米波雷達就足夠了。

圖 5.2 美國毫米波雷達公司 Oculii 成像雷達產生的周圍環境點雲圖
圖片來源：美國 Oculii 公司。

在自動駕駛行業裡，許多人認為全自動駕駛汽車必須
精確知道周圍環境裡的物體和距離。光學雷達是許多廠商
都在試驗的精準感測器。光學雷達在本質上就是一個 3D 照
相機。3D 相片上的每一個物體、每一個像素的距離都能精

確到公分級。這種 3D 照片的像素集合也被稱為「點雲」。
圖 5.3 就是史丹佛大學棕櫚

　　大道的光學雷達 3D 點雲。這張圖上有每一個點到測量光學雷達的距離。

　　光學雷達晚上的效果比白天還好，因為沒有陽光的干擾。但與監控攝影機類似，它的問題是當遇到雨雪霧霾天氣時穿透距離會大大下降。另外一個問題是到目前為止它的成本仍然很高。目前市場上唯一在銷售的 Velodyne 128 線光學雷達（垂直空間解析度只有 128 Lines，電視機是 1024 Lines，這已經是目前在售光學雷達的最高解析度）的零售價格為 7 ~8 萬美元一台（一個毫米波雷達價格不到 500 美元），相當於兩三輛中價位汽車的價格。很顯然，這

圖 5.3 高解析度光學雷達點雲
圖片來源：https://techcrunch.com/2018/04/12/luminar-puts-its-lidar-tech-into-production-through-acquisitions-and-smart-engineering/。

種價格只能用於少量的測試車輛。許多廠商都在努力降低成本,目前世界上有 60 多家企業在研製光學雷達,它們的技術路線大致分為三類。

1. 機械掃描式光學雷達

　　我們看到的谷歌和百度自動駕駛車輛頭頂上頂的「花盆」就是機械掃描式光學雷達,這也是目前市面上少數幾種可用的雷射雷達。

　　圖 5.4 是美國 Velodyne 公司的三種光學雷達,從左至右分別為 64 Lines、32 Lines 和 16 Lines。

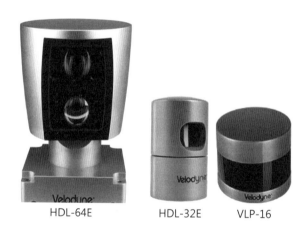

HDL-64E　　　　HDL-32E　　VLP-16

圖 5.4 美國 Velodyne 公司的光學雷達產品
圖片來源:http://velodynelidar.com/products.html

　　64 Lines 光學雷達裡面有 64 對垂直排列的雷射發射管和光學接收器。整個光學雷達在水平方向上做 360°旋轉。在旋轉時,64 個發射管按照一定的順序依次發射短雷射脈

衝，雷射脈衝從遠處物體反射回來後被相應發射管的光學接收器收到，此時該物體的距離 =c×2，這裡 c 是光速，T 是脈衝往返時間。如果這部 64 Lines 光學雷達每秒轉 20 圈，每水平角度整個 64 Lines 的雷射發射三次（角度解析度為 1/3 度），每秒就會產生 20×3×360×64=1382400 點數據。把這些帶有距離和方位的 3D 空間點全部畫出來就是如圖 5.3 所示的「點雲」。這種機械掃描式光學雷達有兩個缺點：第一是機械容易損壞，特別是車載、震動、高溫、潮濕等對機械部分危害很大。第二是裝配時需要很多手工調試，成本很高。許多公司在研發時不用或少用機械部件。完全沒有機械部件的光學雷達也叫固態光學雷達。

2. 固態光學雷達

固態光學雷達有兩種做法，一種做法是通過控制不同的幾束雷射相位（「相位」即時間延遲）讓它們形成一束聚焦的雷射在空間掃描；另一種做法是用雷射發射器點陣。前者技術複雜，控制雷射相位對溫度敏感，在汽車行駛環境極端的情況下，光學雷達性能不容易穩定。後者需要大量雷射發射器，例如一個 100×100 的點陣就需要 10000 個雷射發射管。固態光學雷達還有一個問題是只能照射一個方向，所以在一輛車上要看到全方位的情況，至少要 4 個光學雷達分別裝在車的四個面上。

固態光學雷達中還有一種「閃光光學雷達」，它的原理和閃光燈照相類似。只用一個雷射管，發射出一個脈衝面

光源把前方一大片空間都照亮，接收器類似數位相機裡面的感光陣列晶片，只不過這種晶片在像素感光的同時，可以記錄每一個像素收到脈沖的時間，因此能測出這個像素對應的空間點的距離。這種閃光光學雷達成本最低，但是由於發射能量分散，所以要照亮一大片，成像距離很短（十幾米到幾十米）。

3. 微機械掃描光學雷達

　　介於機械掃描式光學雷達和固態光學雷達之間的是一種微機械掃描光學雷達。這種光學雷達是用半導體晶片上的微機電器件（Micro-Electronic-Mechanical-System，MEMS）。微機電器件的原理是在半導體材料上刻蝕出微小的機械鏡面，用電可以控制鏡面的擺動。把雷射射到鏡面上，當鏡面擺動時就可以掃描一定的空間範圍。圖 5.5 就是MEMS 鏡面的示意圖。但這種鏡面的轉動角度有限，所以光學雷達前方能照射的角度仍然受限。

圖 5.5 在半導體材料上刻蝕出來的微機電鏡面放大圖
圖片來源：
http://www.preciseley.com/technology.html

目前還沒有一種光學雷達既能夠達到距離足夠遠（200~300 米），同時解析度和可靠性也足夠高，而且價格便宜（幾百美元）。如果毫米波雷達可以在遠距離達到足夠高的解析度，那麼雷射雷達只要用於近距離精確測量即可，這樣成本最低，沒有任何機械部件的閃光式光學雷達將足以敷用。除了監控攝影機、毫米波雷達和光學雷達這三個感測器之外，幾乎所有半自動和自動駕駛的車都用聲納。聲納能探測的距離很近，只有幾米，主要用於停車、倒車時的防撞提醒。一個車用聲納只要幾美元，一輛車會沿著底盤放十幾個聲納。

全自動駕駛還要使用 GPS（全球定位系統）。通常手機和車裡用於地圖的 GPS 的精度在 15 米左右。這樣的精度做自動駕駛和防撞都不夠。所以用於自動駕駛的 GPS 是可以做到 10 公分高精度的「差分 GPS」。差分 GPS 系統在地面設一些固定的校準基站（不需要像行動電話基站那麼密集，每隔幾十公里米甚至幾百公里一個即可）。這些點的精確座標已知。把這些點上用普通 GPS 測量出的座標和已知座標相比較就會知道 GPS 的誤差，把這個誤差通過無線頻道（例如手機訊號）傳給附近的 GPS 接收機，讓大家都修正這個誤差。這種高精度的差分 GPS 可以讓汽車知道自己在哪條線道上，是否偏離了線道的中心。差分 GPS 過去主要用於航空和測量，每台差分 GPS 的價格高達幾萬美元。目前也有矽谷創業公司如 Polynesian Exploration 等在研發用於自動駕駛的低成本差分 GPS。

自動駕駛分級

此前，自動駕駛的自動化程度分級有兩個標準。美國交通部下轄的美國國家公路交通安全管理局（NHTSA）在 2013 年率先發佈了自動駕駛汽車的分級標準，其對自動化的描述共有 4 個級別。到 2014 年，世界汽車工程師協會（SAE）也推出了一套自動駕駛汽車分級標準，其對自動化的描述分為 5 個等級。2016 年 9 月 20 日，美國交通部發佈的針對自動駕駛汽車的首項聯邦指導方針中放棄了 NHTSA 之前提出的分級標準，宣佈將採用在世界範圍應用更加廣泛的 SAE 分級標準，這代表 SAE 的 5 級標準基本成為行業共識。自動駕駛根據自動程度目前被分為以下 5 個級別。

L1：駕駛輔助，對方向盤和加減速中的一項操作提供駕駛支援，例如自動巡航、緊急自動 車等。其他的駕駛動作都由人類駕駛員進行操作。在這個階段，汽車主要實現了一些預警類功能，當汽車遇到緊急情況時，汽車發出警告訊號，例如車道偏離預警、碰撞預警、盲點監測等。目前這些功能已經被廣泛應用到現在的汽車上。

L2：部分自動化，通過駕駛環境對方向盤和加減速中的多項操作提供駕駛支援，其他的駕駛動作都由人類駕駛員進行操作。在該階段，汽車已經具備一些自主決策和執行的能力，例如自我調整巡航、車道線保持、緊急 車、自動停車等。目前特斯拉的「Autopilot」輔助駕駛系統就達到了 L2 級別。

L3：有條件自動化，由自動駕駛系統完成所有的駕駛操作。根據系統要求，人類駕駛員提供恰當的應答。主要實現的功能為自動加速、自動　車、自動轉向、編隊行駛、匯入車流、主動避障等。在 L2 的基礎上增加識別交通標誌、紅綠燈、自動轉彎，可以判斷簡單的交通競爭狀況（例如兩輛車同時到達十字路口停車線）等功能。駕駛員無須一直監視行駛，但複雜情況仍需準備接管。

L4：高度自動化，由自動駕駛系統完成所有的駕駛操作。根據系統要求，人類駕駛員不一定需要對所有的系統請求做出應答，也不限定道路和環境條件等，除了特定的天氣和路段，汽車在大多數場景下能夠自動駕駛。

L5：完全自動化，在所有人類駕駛員可以應付的道路和環境條件下，均可以由自動駕駛系統自主完成所有的駕駛操作。車輛在全天候、全場景下都能夠實現自動駕駛，無須人的介入。

讀者可能發現上面的定義有很多模糊之處，各層級的功能似乎也有很多重疊，筆者在這裡嘗試給出一個更為簡單清晰的定義。

L1：人全程負責駕駛，有某個單項的機器自主功能，例如自動緊急　車。

L2：仍然是人全程負責駕駛，但在限定條件下可以由機器駕駛幾十秒到幾分鐘（例如在清晰的高速公路上駕駛員手離開方向盤，眼睛不看路，腳不放在　車上的時間不超過幾分鐘）。有多項機器自主功能同時使用，例如自動巡

航和線道保持同時用，駕駛體驗比 L1 輕鬆很多。

L3：駕駛過程可以明確分為兩種不同的時間段：人負責駕駛的時間段和機器負責的時間段。當機器負責駕駛時，人可以手離開方向盤，眼睛不看路，腳離開 車。當遇到情況時，機器會請求甚至強制人接管駕駛。目前市場上還沒有任何一個量產的 L3 乘用車。

L4：機器駕駛時間達到 95% 以上，但仍然不時有特殊情況需要人接管。

L5：機器駕駛時間 100%。即車裡不再需要方向盤、剎車、油門等。

自動駕駛上分為兩大技術流派：演進派和激進派。演進派認為自動駕駛不可能一蹴而就，必須一步一步循序漸進。演進派囊括了所有的汽車製造商，包括新進入的「互聯網造車」或「新勢力造車」廠商。原因很簡單，它們每年都要生產和賣出大量的車，只能是什麼技術成熟就安裝什麼技術。截至 2018 年，只有少數在售的汽車有 L2 功能，例如特斯拉、Audi A8 和賓士公司 E 級車型等。目前全世界幾乎所有的大汽車廠商和一級供應商都在緊張研究自動駕駛，但它們打算推出的未來新車主要集中在 L2 或 L3 級別。

激進派的代表是谷歌的自動駕駛公司 Waymo，谷歌的實驗車根本沒有方向盤。這一派認為 L2 和 L3 很危險，什麼時候該人管，什麼時候該機器管不僅很難分清，而且兩者之間的切換也會產生問題（例如人睡著了叫不醒），一步到位全讓機器開車反而安全。全自動流派因為目前並不造

AI 背後的暗知識

車賣車，所以它們只對未來感興趣。另一個重要原因是它們要想顛覆行業，就必須做目前車廠做不了的。

演進派的優勢是它們的車不斷地給用戶提供新的功能和價值，一直從技術上獲益。演進派的風險是如果激進派的全自動駕駛成功了，將會顛覆整個行業。所以演進派，特別是一流大車廠都同時在做全自動駕駛的研究。激進派的優勢是專注於全自動，它們成功會比演進派早，一旦成功就會讓演進派無路可走。激進派的風險是如果實現全自動很困難，它們就會長期投入而沒有收入，時間太長哪家公司都撐不住。

L4 和 L5 全自動駕駛又有兩條不同的技術路線：一條是基於高精度地圖和精準定位，另一條是無須高精度地圖。基於高精度地圖需要兩個條件：第一是所駕駛區域已經有測量好的高精度地圖；第二是車上有能精準測距或定位的儀器，例如光學雷達和差分 GPS。做到第一點需要有大量的高精度地圖測量車把一個國家內的所有行駛道路測量出來。這種測量通常也是使用光學雷達加上差分 GPS。但測量時車的行駛速度不能太快，大約為時速 50 公里，因為行駛速度會影響測量精度。有人估計如果只用一輛測量車把全美國的高精度地圖都測量完畢需要 6000 年的時間（或者600 輛車用十年時間）。由於地圖的精度高，資料量很大，所以汽車裡只能存儲一部分地圖。當汽車駛出車內存儲的地圖範圍時，需要有很寬的無線傳輸頻寬不斷將新區域的高精度地圖傳給汽車。依賴高精度地圖還有一個巨大的挑

戰是路況和路障的即時更新。這種即時更新只能靠「群眾外包」的方式，即靠正在路上行駛的汽車收集並即時上傳到雲端，且即時下載到路障附近的車裡。這就出現了一個先有雞還是先有蛋的問題：一開始沒有幾輛車有即時資料收集的能力，這樣就沒人敢用自動駕駛，沒人敢用就沒有資料收集。

　　第二種自動駕駛的技術路線不依賴於高精度地圖。這裡的邏輯是人的眼睛不能精確測量周圍物體的距離，為什麼非要每一點像素的距離？有一個大概即可。這種方案的最大優勢是不依賴於不知道什麼時候才能有的高精度地圖，成本很低。但堅持高精度地圖技術路線的人批評說，高精度地圖方案可以保證 99.9999% 的安全性，而沒有高精度地圖也許只能保證 99% 的安全性。但即使是 1% 的錯誤也是致命的。有了之前介紹的那些感測器汽車就相當於有了眼睛。但是人類視覺不光是眼睛，還包括腦神經對接收訊號的識別和判斷。自動駕駛軟體的核心就是識別和判斷。一輛車的感測器有很多，第一個挑戰是要把這些感測器傳進來的訊號融合起來。融合的主要任務是要把不同感測器探測到的物體一一對應起來。例如毫米波雷達發現了一個物體，要在監控攝影機的影片中把這個物體找出來。當各個感測器探測到的物體很多，又要在極短的時間裡把所有物體都識別並對應起來時，融合就變得不那麼簡單了。

　　自動駕駛軟體的第二個挑戰是要處理大量的資料。我們前面算過，一個 64 lines 光學雷達每秒鐘產生 130 萬個

AI 背後的暗知識

3D 資料點。我們假設使用神經網路來識別物體，需要處理能力非常強大的晶片。目前在自動駕駛上使用的輝達 Xavier 晶片（2016 年 9 月發佈）的處理能力是每秒 20 萬億次運算，功耗為 20 瓦。

自動駕駛軟體的第三個挑戰，也即迄今最大的挑戰是如何識別和判斷各種複雜情況。如果單純使用機器學習的方法，需要訓練的情形幾乎無窮多，不僅無法收集到這麼多資料，而且計算量驚人或計算成本是天文數字。目前的自動駕駛軟體大部分都是混合式的，即簡單的和常見的情形用基於規則的判斷，例如線道保持、自動停車、遵守交通規則等（目前特斯拉 L2 功能主要是基於規則的判斷）。非常見的情形可以用機器學習。

自動駕駛軟體的第四個挑戰是如何不斷地學習。目前是將車裡採集的資料上傳到雲端，在雲端進行訓練。我們前面的演算法部分提到過，目前的機器學習一旦有了新資料，就要把新老資料放在一起重新訓練神經網路，只用新資料來改進原有模型的「增量」訓練方法還在研究階段。這樣新的模型就要經過大量測試以確保萬無一失。

自動駕駛軟體的第五個挑戰是如何個性化。目前的駕駛演算法在所有車上都是一樣的，和很多人的駕駛習慣不同。但個性化的駕駛演算法需要每一輛車的模型都不同，個性化駕駛不僅需要大量的路況資料，還需要每個人的駕駛習慣資料。但一個人能遇到的狀況有限，為了讓汽車足夠聰明，需要許多人的路況和駕駛資料，如何能夠學到其

他人的駕駛經驗同時又符合自己的駕駛習慣是一個兩難問題。

　　自動駕駛軟體的第六個挑戰是如何學習和道路上的車輛博弈。人們日常駕駛並不總是嚴格遵守交通規則，許多情況交規裡面也沒有規定。在世界上的許多地方，如果嚴格遵守交通規則駕駛，那麼汽車可能寸步難行，此時駕駛軟體該如何辦別？一種可行的方法就是「跟隨主流」，這就要求機器能學習各地的「駕駛文化」。這種博弈學習同樣需要模型有「連續學習」和「增量學習」的能力。

　　一套自動駕駛軟體大致由下列幾個模組組成。

（1）感知和資料融合。

（2）物體檢測、分類、跟蹤。

（3）場景識別和判斷。

（4）路徑規劃。

（5）控制（方向、速度、車等）。

電動車和自動駕駛

　　和自動駕駛幾乎同步成為未來趨勢的是電池動力汽車。電動車的控制反應時間（加速減速等）比汽油車要短得多。例如汽油發動機把油門斷掉，噴入汽缸的汽油還會繼續燃燒一小段時間，而電動車馬達一斷電馬上就沒有動力。電動化也能更好地支撐自動化程度的不斷提高。汽車自動化過程需要識別、接收和處理大量複雜的資訊，不僅需要數

量龐大的感測器、控制器、晶片等硬體支撐，同時也需要即時對資料進行傳輸、存儲和計算。這一系列複雜的過程需要足夠多的電能作為支撐。電子產品配置增多，耗電量越大，需要的電池容量越大。電動化和自動化這兩者結合的典型代表就是特斯拉的具有輔助駕駛功能的 S 型轎車和 X 型 SUV（運動型實用汽車）。

電動汽車曾經面臨的第一個問題是巡航里程數。美國87% 的汽車每天駕駛距離不會超過 117 公里，2017 年美國最便宜的電動車巡航里程已經達到 200 公里。電動車巡航里程已經能夠完全滿足絕大部分人日常本地活動和上下班的需求，「電池焦慮」問題已經大大緩解。特斯拉 S 型轎車的最高巡航里程已經達到每次充電行駛 500 公里。過去鋰電池技術的發展是每十年容量翻番，也就是說，在沒有大的技術突破的情況下，十年後同等體積或重量的電池可以達到每次充電行駛 1000 公里。

目前汽車電池的最大問題是充電時間。特斯拉的「超級充電樁」代表目前大規模商用電動汽車中最快的充電時間，從零到充滿需要 75~90 分鐘（根據電池容量大小），這成為目前電動車無法出遠門的主要障礙。只有把充電時間縮短到和汽油車加油時間可比（5~10 分鐘）才能徹底解決出遠門的問題。目前美國和以色列都有創業公司在研發快速充電電池和材料，如矽谷的新創公 Gruenergylab 等。

電動汽車的第二個問題是電池成本。2018 年鋰電池的成本約為 200 美元 / 千瓦時，一輛能夠巡航約 338 公里的

特斯拉 S-60 型電池成本約為 200×60=12000 美元，電池成本約占整個車的 1/5。所以同等規格的電動車要比汽油車出廠價格貴。但在駕駛過程中由於充電費用是汽油的 1/3，所以這個出廠成本差額可以在汽車整個壽命期間內補平。₁如圖 5.6 所示，預計鋰電池的成本就將相當於一部同檔次的汽油車成本（因為電動車除了電池這個額外成本，其他成本和汽油車相比大幅下降，比如沒有汽油發動機和變速箱等，電子控制也更簡單）。這個時點將成為電動車的爆發點，因為行駛壽命期間節約的油費將成為用戶的淨收益。如果今後十年電池成本繼續按這個速度下降，十年後電池成本只占到整車成本的 1/50，幾乎可以忽略不計。電池成本的下降也意味著巡航里程數的增加，當電池只占到整車成本的 1/50 時，用戶可以選擇增加 1/50 的成本來增加巡航里程。

即使沒有自動駕駛技術，由於動力電池的容量增加和成本下降，整個汽車行業也會向電動汽車大規模轉型。但電池驅動技術將使汽車行業的新進入者的進入門檻大大降低。所以幾乎新進入者全部是造電池動力車，而且新進入者幾乎都是互聯網廠商，例如谷歌、百度或者電子設備廠商蘋果、華為等。相比於傳統汽車廠商，在傳動系統上，電池動力幾乎讓新進入者與傳統廠商處在同一條起跑線上，

1　假設汽油 3 美元 / 加侖，特斯拉同等級汽油車油耗 16 英里 / 加侖，2017 年電費 0.25 美元 / 度，特斯拉 4 英里 / 度，所以每 16 英里的成本是 0.25×4=1 美元，這樣每駕駛同樣 16 英里距離的 4 度電可以比一加侖油省 2 美元，這樣電池成本相當於 12000 美元 /2 美元 =6000加侖，6000×16=96000 英里，一輛車平均駕駛 10 萬英里。所以正好把電池成本賺回來。（1 英里 =1.609 公里）

AI 背後的暗知識

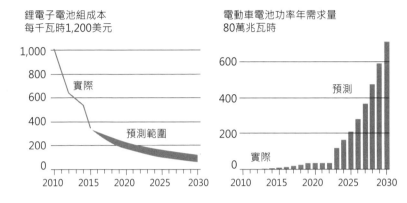

電池成本在電動車部件中排名第三位
電池成本持續下降，將驅動電動車需求的不斷上升

鋰電子電池組成本
每千瓦時1,200美元

電動車電池功率年需求量
80萬兆瓦時

圖 5.6 鋰電池成本下降趨勢和電動車對電池的全球需求量趨勢
圖片來源：彭博社

在自動駕駛技術上新進入者往往更有優勢。

　　如圖 5.7 所示，一輛巡航里程 322 公里的電動車成本在
2017 年已經低於一輛美國汽油車的均價，將在 2030 年左右
低於美國新車的最低價格。與此同時，電動車銷量每年增
長達 30% 以上，全球保有量在 2033 年左右將超過 1 億輛。

　　特斯拉電動車證明了電動車未來的巨大商業前景後，
幾乎所有的主流廠商，包括過去認為電動車不可能成功的
廠商都大幅調高未來電動車的占比，開始研發電動車新型
號。僅德國福斯一家廠商就宣佈到 2025 年生產 300 萬輛
多達 30 個不同型號的新電動車。中國政府新政策要求電動
車占比從 2017 年的 8% 上升到 2020 年的 12%。如果 2025
年全世界電動車占比達到 25%，共需要 1500000 兆瓦時

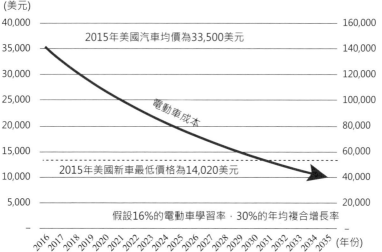

圖 5.7 巡航 322 公里的電動車成本下降趨勢
圖片來源：/https://www.nextbigfuture.com/2016/04/by-2030-electric-vehicles-with-200-mile.html

（Gigawatt-Hour）的電池，這相當於要建 40 個目前世界最大的在內華達州的特斯拉電池廠。按照屆時 100 美元／千瓦時計算，光汽車所需電池行業每年的產值就達 1500 億美元。如果加上儲能、換電池等需求，動力電池行業屆時將輕易成為一個數千億美元的產業。電動車對電池有如此巨大的需求，任何電池技術的突破都將具有巨大的商業價值。

　　電動汽車本身將形成一個新的生態系統。除了電池（以及電池行業的子生態包括電池正負極材料、隔膜、生產設備、原料礦石、電池組管理軟硬體等），另一個巨大的商業機會是充電樁和充電站。當電動汽車保有量超過汽車的

10% 時，就將需要大量的充電樁和換電池站。目前每個充電樁設備安裝成本大約為 5000 美元。當世界電動汽車保有量達一億輛時，屆時至少需要 100 萬個公共充電樁。充電速度仍然是電動車長途出行的一個最大障礙。目前的技術進展完全有可能在未來五年內將 300 公里巡航充電時間縮短到 10 分鐘之內。各種高速充電設備也將是一個巨大的市場。屆時大量的汽車在高峰時間高速充電將對電網造成不可承受的負荷。電網的改造和儲能設備的商機也將應運而生。除此之外，電動汽車的核心部件之一是高速、高扭矩馬達。誰能率先研發出低成本高性能的馬達，誰將迅速佔領世界市場。電動車的檢修與汽油車完全不同，檢修設備和修理站也將是一個商業機會。

誰是明天的諾基亞

　　一輛自動駕駛汽車的核心是感測器、計算能力和軟體。自動駕駛汽車實際是一個會自己高速行走的機器人。汽車最重要的零部件將是電子元件，目前一輛車中各類半導體晶片成本大約 500 美元，預計十年後一輛車中的晶片成本將達到 5000 美元。一輛電動自動駕駛車本質上就是一台有四個　輛的電腦。傳統汽車的核心能力在於將發動機、傳動系統等機械子系統打磨成為精密的工藝品。但一夜之間這些核心技能不重要甚至不再被需要了，例如目前的電動汽車的馬達加速已經大大超過最好的汽油發動機，而且不

需要任何傳動系統。自動駕駛需要的重要技能例如電腦視覺、人工智慧演算法等都不是傳統汽車廠商的強項。第一次駕駛特斯拉半自動電動車的感覺就像第一次使用 iPhone 手機，而駕駛傳統汽車就像使用諾基亞手機。傳統汽車廠商的行銷管道非常「線下」，依託於成本巨大的經銷商、專賣店和維修體系。電動車的車體就是三樣東西：電池、輪和馬達。一輛內燃發動機汽車的零件有上萬個，而一輛電動車的機械零件只有幾千個。這意味著發生機械故障的概率和維修成本的降低。由於零部件的減少，電動車和電腦、家電一樣將會變得標準化。這使電動車更易於在線銷售，這將又一次衝擊傳統汽車廠商。

誰勝出？底特律還是矽谷

傳統汽車廠商並非坐以待斃，幾乎所有的整車廠商都在投巨資研發電動車和自動駕駛技術。通用汽車和福特都鉅資收購了自動駕駛軟體公司，豐田在史丹佛大學旁邊斥資 10 億美元打造自動駕駛研發中心，賓士、福斯等歐系車廠也是全力以赴。傳統汽車廠商仍然有許多新進入者不具備的能力。第一個能力是大規模生產製造能力。這是一個設備和資金密集型行業，很難簡單地通過代工生產解決（世界的主要代工廠商例如富士康目前代工的主要是電腦手機類產品，世界上並沒有成熟的汽車代工廠商，這也許是一個商機）。目前全世界汽車生產線的產能過剩，新進入者

完全可以收購一條生產線，但仍然面臨改造生產線的任務。傳統汽車廠商的第二個能力是供應鏈管理。傳統汽車廠商對市場需求有長期經驗，對庫存和供應鏈管理已經達到精細化程度，這兩個技能可以把庫存風險降至最低。互聯網廠商通常沒有供應鏈管理和庫存風險管理經驗，更不擅長流動資金的管理和運用，稍有不慎就會造成重大虧損。傳統汽車廠商的第三個重要能力是汽車設計能力，憑藉它們對客戶和市場的多年理解，以及在設計細節（例如安全性等）上的經驗積累，不會出現太多諸如召回之類的風險。而對於第一次造車的廠商，難免有疏漏，一次重大召回就可能置公司於死地。傳統汽車廠商的第四個能力是對線下經銷商的管理以及相應的個人貸款、保險和維修體系。建立這一整套體系要求新進入者投入大量的資金，招收大量傳統產業管理人員，並且需要相當長時間的學習和磨合。

但傳統汽車廠商的最大軟肋就是軟體。傳統汽車廠商作為總系統整合商，自己基本不開發軟體，它們的任務是把各個子系統的軟體集成到一起，如圖 5.8 所示。傳統汽車廠商的軟體系統集成通常會出現兩個問題：第一個問題是軟體模組之間不相容所造成的程式漏洞。由於各個軟體模組是由不同廠商寫的，原始程式碼又未必公開，所以整合商即使發現漏洞也無法及時修復，只能讓各廠商一起解決。而且一個漏洞有時很難說是哪個廠商造成的，各個廠商之間會推諉。第二個問題是當一個軟體需要更新時，要和所有其他軟體共同重新測試一遍，這樣成本很高，使隨時更

新軟體變得幾乎不可行。而汽車軟體能隨時下載更新在未來對自動駕駛至關重要，因為今後 5~10 年自動駕駛軟體隨著技術進步將持續快速更新。傳統汽車從設計定型到第一輛汽車出廠需要三年左右的時間，在此期間所有的零部件都不允許改變設計。但在電腦手機行業幾乎不可想像一個軟體三年不被更新，目前特斯拉汽車幾乎每個月都有一次軟體自動更新。另外，當模組增加時，又加上很多原來沒有的模組，例如自動駕駛模組等，軟體的可靠性會降低。這件事將會成為傳統廠商的致命傷。對於新進入者，特別是電動車來說，幾乎所有的軟體都可以從頭寫起。像圖 5.8 右邊這樣的軟體結構清晰簡單，易於檢錯糾錯，還可以隨時進行更新。

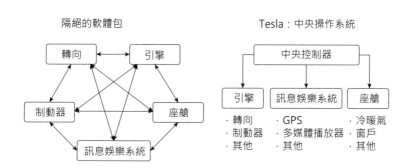

圖 5.8 汽車軟體結構
（左圖是傳統汽車軟體系統，右圖是電動車全部自己開發）

顛覆供應鏈

　　任何一個製造業產業，當產量大到某一個數量時（例如上千萬台），就開始分層。原因是只專注於一個水平層面的廠商比垂直整合的廠商效率更高。產業分層的必要條件有兩個：產量足夠大和技術成熟。汽車行業歷經上百年的演化，早已變成一個多層次的供應鏈生態。所謂供應鏈就是這個產業會形成由不同公司組成的複雜分工合作和價值增加體系。2017 年全球共銷售 7800 萬輛車，按每輛車均價 3.3 萬美元計算，汽車產業全球產值超過兩萬億美元。居於供應鏈頂端（和消費者最近的一端，通常也是生態系統中砍價能力最強的一端）的是整車廠商。整車廠商設計、組裝和行銷汽車，但是一輛汽車上幾乎所有的部件都是從生態系統的其他廠商採購的。直接給整車廠商提供完整子系統（例如發動機、傳動、剎車、轉向、音響等）的叫作「一級系統整合商」（Tier-1systemintegrator），全球有上百家一級系統整合商。給一級系統整合商提供零部件的叫二級系統整合商。甚至還有三級供應商等，整車廠商自己幾乎不製造任何部件。除了少數幾款豪華車以外，絕大部分乘用車都是由這種水平分層的供應鏈生產的。

　　像汽車產業這種傳統產業的供應鏈是相對穩定和靜態的。所謂穩定是指汽車行業在供應鏈各層次都有許多成熟的大型供應商並且多年不變。所謂靜態是指一輛汽車的子系統和零部件由哪些廠商提供在汽車定型時就確定下來了，

在這輛車的壽命期內不會改變。但自動駕駛將會打破這個
穩定的供應鏈，一個可移動的、連網的自動駕駛汽車將成
為繼電腦和手機之後的下一個超級規模資訊和資料平臺，
原來的靜態供應鏈將變為動態的生態系統。除了供應鏈中
的子系統和零部件生產廠商以外，使用者和一系列內容服
務提供者也將參與到這個生態系統中來一起為生態系統增
值。傳統汽車供應鏈是一個封閉系統，新汽車的生態系統
是一個開放系統。傳統供應鏈是穩定和靜態的，新生態系
統將是變化和動態的，特別是內容和服務。搞定這個動態
的生態系統，又是許多新進入者的強項。

合縱連橫

　　在傳統汽車產業鏈中，整車廠商毫無疑問居於龍頭地
位，具有最強的砍價能力，但是在自動駕駛生態系統中，
誰將是產業鏈龍頭還有待觀察。如果汽車變成為電腦和手
機，那麼掌握核心芯片和作業系統的廠商可能變為龍頭。
如果汽車變成像互聯網一樣的資訊資料平臺，那麼掌握使
用者的內容服務提供者可能變為龍頭。有一點很清楚，不
論誰想成為產業鏈龍頭，都要掌控自動駕駛軟體。目前圍
繞著自動駕駛軟體在美國市場已經形成了數個競爭集團。
　　第一個集團是圍繞在圖形晶片廠商輝達周圍的供應商
集團。這個集團包括整車廠商豐田、奧迪、福特，一級供
應商中的老大博世（Bosch），自動駕駛軟體平臺提供商百

AI 背後的暗知識

度等。這個集團側重的是提供需要更強大計算功能的 L3 和 L4 自動駕駛解決方案。

第二個集團是以英特爾 2016 年收購的以色列公司 Mobileye 為首的供應商集團，這個集團包括 Mobileye 的東家英特爾、整車廠商 BMW、一級供應商前十大廠商之一的德爾菲（Delphi）等。這個集團提供 L2~L4 的解決方案。

第三個集團是以高通公司曾經想收購的 NXP 公司為首的供應商集團。這個集團包括整車廠商奧迪（也同時和輝達集團合作），一級供應商中前九大廠商之一的采埃孚（ZF）。

在這三個集團中，輝達集團的 AI 晶片能力最強，但 Mobileye 集團幾乎壟斷了 L2 半自動駕駛市場。未來的爭鬥將主要在這兩個集團之間進行。

這種結盟說明了兩個問題：一是新技術新產品在成熟的過程中需要產業鏈各單元更緊密的合作甚至垂直整合；二是說明自動駕駛解決方案非常複雜，沒有一家公司可以單獨提供。在這種三足鼎立的情形下，感測器供應商例如光學雷達可能被迫選邊站隊，加入一家集團。因為輝達和 Mobileye 本身就在自己的晶片上提供自動駕駛軟體解決方案，大部分獨立的自動駕駛軟體解決方案新創公司只能寄希望於自己的軟體解決方案比三大集團的方案更優秀，最終被三大集團之一，或者被某整車廠商收購。

除了以上三個提供解決方案的集團之外，谷歌也是最重要的自動駕駛解決方案提供商。谷歌從 2009 年開始就研

究自動駕駛，試驗車在谷歌總部加利福尼亞州山景城已經行駛超過了 483 萬公里。谷歌的目標從第一天開始就是提供 L5 的全自動駕駛方案。它不僅是市場上第一個研究自動駕駛的，而且是今天被公認為最成熟可靠的自動駕駛解決方案提供商。但谷歌似乎並沒有全力以赴把它的解決方案賣給整車廠商，而是直接和分享出行公司 Lyft（來福車）進行戰略合作。當一個產業產量小或者技術更新很快時，垂直整合往往是更好的選擇，即由一家公司直接購買所有的零部件，甚至自己生產部分零部件。電動汽車的量一定會很大，但技術還在快速發展，特斯拉與當年蘋果公司做電腦和手機一樣，選擇了垂直整合。它不僅用自己的半自動駕駛方案取代了 Mobileye 的方案，甚至自己研發晶片和感測器。垂直整合的優勢是完全掌控產品的性能和用戶體驗，劣勢是要投入大量的研發成本。總體來講垂直整合式產品更好，但比水平分層價格更高。所以許多沒有那麼財大氣粗的電動汽車的新進入者仍然選擇供應鏈模式。到底孰優孰劣很難說，當年蘋果電腦選擇垂直整合後，敗給了更便宜的個人電腦（後來改用英特爾晶片再加上設計的改進才又奪回一部分市場份額，但已經不是市場第一了）。蘋果手機到今天還是垂直整合，雖然市場份額一直在受安卓手機的蠶食，但仍然是市場第一。幾乎可以斷定在今後 5~10 年電動車的產品性能和使用者體驗一定是特斯拉這樣的垂直整合廠商更好，水平分層廠商只能靠價格優勢。目前除了特斯拉以外賣得最好的兩款電動汽車分別是通用汽車的

Bolt 和日產的 Leaf。前者在美國的售價和特斯拉 3 型車的售價相同，約為 3.5 萬美元，兩者巡航距離都是 320 公里左右。日產 Leaf 在美國售價為 3 萬美元，但巡航距離只有 240 公里。這兩款車都沒有半自動駕駛功能，從設計和功能上對用戶來說不夠新潮。

共享顛覆出行

　　20 世紀初汽車剛被發明時，絕大部分人能想到汽車因為比馬車更快所以未來會取代馬車。但很少有人能想到未來汽車還能帶來哪些其他變化。人們無法想像由於汽車的速度，人們可以搬到郊區居住。由於郊區地方大，人們的住宅會由城裡的高層公寓變為獨家獨院的小樓。由於人們居住的分散化，郊區開始出現有大停車場的購物中心。由於居住在郊區，所以進一步增強了對汽車的需求，由於汽車保有量的急劇增加，大量多車道的快速道路和高速公路開始修建。由於出行的方便，旅遊和度假成為普通大眾的生活娛樂方式。100 年來汽車的出現徹底改變了都市和鄉村的地貌，改變了人類的基本生活方式，改變了社會組織。

　　同樣，自動駕駛也絕非僅僅取代人來駕駛汽車，我們今天能夠看到的只是未來可能性的一部分。對汽車產業衝擊最大的也不是技術變化帶來的新進入者，而是技術變化帶來的產業形態的變化，其中最大的變化之一就是自動駕駛將使自己買車並且獨享變得極為不經濟，共享出行將成

為最經濟的選擇。目前在美國每英里駕駛成本約為 1 美元，每年供養一輛汽車的成本約為 10000 美元（包括車輛折舊、保養、加油、各種牌照、保險等）。在大都市由於停車不便和道路擁擠，私家車的成本更高，但一輛私家車的利用率只有 5%。目前即使還是人工駕駛，共享出行的成本也已經接近或低於私家車。有資料表明，每一輛共用汽車的使用將會至少減少 5 輛私家車。所以在三藩市等美國大城市，年輕人買車的比例開始明顯下降。目前共享出行汽車成本中 70% 是人工。一旦實現大規模自動駕駛，共享出行成本將降低到目前的 30%。有研究表明，自動駕駛的共用出行成本將是私家車的 10%，到 2030 年私家車將降低到今天的 20%，美國汽車總保有量將從 2.5 億輛降至 5000 萬輛，石油的總需求量將從每天 1 億桶降至 7000 萬桶，這一切將為美國家庭每年節約 1 萬億美元。未來個人仍然可能會買車，但不會獨佔這輛車，未來擁有車輛的方式可能有兩種：第一種是自己優先使用，當自己不用時放出去為別人服務；第二種是自己買車作為投資加入一個共用出行的組織。

目前在美國用手機叫車的平均等待時間是 3 分鐘，在中國由於交通擁擠，平均等待時間更長，特別是上下班高峰。當共享出行成為出行的主要方式時，由於參與的車輛增加，所以平均等待時間會進一步降低。自動駕駛帶來的另一個變化是大都市的道路擁擠將一去不復返。目前許多美國城市已經開始停止道路擴建規劃，停止修建新的停車場，甚至開始考慮將已有的停車場改為小型城市綠地。未

AI 背後的暗知識

來城市交通規劃也將深受共用出行影響，城市交通將形成以高速軌道交通和自動駕駛及自行車為主的公共交通系統。高速軌道系統負責遠距離骨幹運輸，自動駕駛和自行車負責支線和最後一公里。當上下班更依賴軌道交通時，軌道交通將面臨加速的壓力。目前中國各地地鐵的平均區間行駛速度是每小時 30~50 公里，這個速度完全可以再提高一兩倍。以北京這樣的超大城市為例，如果從五環外到國貿上班，自動駕駛可以根據地鐵時刻表精確地在地鐵站接送，使整個通勤時間縮減至少一半。

自動駕駛將為房屋建築帶來變化，例如大量的獨院房屋不再需要車庫，大量高層公寓不再需要這麼多停車位元等。自動駕駛還會給社區帶來新的變化，例如上下班方向相同的鄰居將會每天有見面或接觸的機會。

汽車內部的設計將被自動駕駛根本性地改變，例如多人共用的一輛自動駕駛汽車內部可能會分為幾個私密的空間，大螢幕地圖顯示和視聽娛樂設備將成為標準配置，車中將有自動飲料售貨機等。車型也會發生巨大分化，根據不同的需求，可能出現可以睡覺的車、可以打牌的車、可以唱卡拉 OK 的車，等等。

未來自動駕駛汽車大部分將是電動車，電動車還會給汽車基礎設施帶來巨大變化。第一個變化是當汽油車減少時，加油站也會減少，加油變得不方便也將會進一步減少汽油車，如此循環下去，汽油車可能會和今天的柴油車一樣稀少。第二個變化是維修體系。由於個人不再擁有汽車，

所以汽車的管理和維修將主要由出行公司負責,車輛的檢修和維護將更程式化與集中化,個體的修車店將消失。

自動駕駛將改變汽車保險業。目前的汽車交通事故中90%以上是人的原因。當道路上大部分是自動駕駛車輛時,交通事故率將大大下降。研究表明,美國車險市場到 2040 年將從現在的年度 2000 億美元下降為 800 億美元,下降60%。以上的變化都是今天可以預見到的,還有許多變化是更間接隱蔽的,今天不容易預見。例如今天共用出行主要由幾家全球性的移動互聯網平臺公司提供,服務主要是車輛的安全保障、駕駛員管理、自動路線規劃等。當車輛自動駕駛後,這些流程的成本會越來越低。再加上共享出行的當地語系化特點以及和其他公共交通的緊密關聯,未來共用出行很可能會整合為本地公共交通出行服務中的一部分,由本地機構以極低的成本提供,而不是由幾家全球或全國性公司統一提供。

運輸和物流

自動駕駛帶來的另一個巨大變化將體現在運輸和物流行業。目前美國和中國都有一批新創公司在研究卡車自動駕駛、港口裝卸、倉儲自動揀選分配和自動快遞。相對於乘用車,貨物運輸卡車大量時間是在高速公路上駕駛,要處理的狀況相對簡單。目前在美國人工成本占卡車運輸的40%,汽油占 25%,自動駕駛和電動車將使卡車運輸的成

本降低至少一半。港口、堆場、礦山、農場、建築工地、倉庫等相對封閉的場合比城市駕駛的情形更為簡單。即使在技術早期，也不會有過多人身生命安全風險，在這些領域將會率先實現自動駕駛。在每一個自動駕駛的垂直市場都可以造就一個市值超過 10 億美元的「獨角獸」企業。今天中國的各種物品的快遞主要依賴於廉價勞動力，隨著勞動力成本的提高，「最後一公里」快遞自動化（自動駕駛汽車和無人機）也將早于乘用車自動駕駛的全面普及。

中國的機會

即使自動駕駛局限在狹義的造車產業，也將會創造全球每年 2 萬億美元的機會。如果加上對其他行業的影響，自動駕駛產生的商業機會可能在十年後達到每年十萬億美元的數量級。自動駕駛將是中國今後 10~20 年面臨的最大的一個全球性產業機會。

1. 龐大的製造業能力和全球第一的電子製造生態系統

未來的自動駕駛電動汽車主要是一個電子產品，而中國的電子製造業規模和水準都已經是世界一流（核心晶片除外）。中國的汽車產量在 2016 年已經達到 2800 萬輛，成為世界第一。中國的汽車產業的弱項在於發動機和自動變速箱等，但電動汽車恰恰同時跨越了這幾個弱項。自動駕駛的核心硬體主要是各類感測器，例如 GPS、聲納、毫

米波雷達和光學雷達,這些電子零部件都能夠在中國生產。所以強大的電子製造能力將成為中國最大的優勢。

2. 具有前瞻性的新能源和環保政策

　　中國目前是全世界空氣污染最嚴重的國家之一,同時也是碳排放量最大的國家。中國政府為了迅速改善空氣品質和大幅降低碳排放量,制定了全世界最具有力度的鼓勵發展新能源的政策。與此同時,2017年上臺的美國總統川普在新能源政策上大幅度倒退,這給中國提供了一個成為全世界新能源技術領導者的機會。

3. 發達的交通基礎設施和現代物流

　　中國四通八達的高速公路以及發達的物流,為自動駕駛技術提供了世界最大的垂直市場。

4. 電動車發展速度快

　　中國目前對電動車的政策補貼力度是全世界最大的。2017年中國共銷售60萬輛電動車,比2016年增加71%,占全世界總量的一半。隨著規模的增加,中國生產的電動車(包括動力電池)成本會更低,中國的電動車將具有大規模出口的潛力。

5. 世界第一大共用出行市場

　　中國目前也是世界第一大共用出行市場。截至2018年

AI 背後的暗知識

3 月，滴滴出行（是中國大陸一款基於分享經濟而能在手機上預約未來某一時點使用或共乘交通工具的手機應用程式）每天提供 2500 萬次服務，美國的 Uber（優步）在其提供服務的 78 個國家每天共提供約 1000 萬次服務。

6. 移動支付世界普及率最高

　　中國的手機支付量世界第一，為共用出行和未來一系列複雜的商業模式提供了基礎。

7. 複雜多元的駕駛場景

　　自動駕駛軟體是一個「大雜燴」，主要靠大量的資料學習和軟體反覆運算，中國提供了大量的資料和複雜的場景，在中國場景學習出來的駕駛軟體在其他地方適應性會很強。

8. 對中國自動駕駛產業政策的建議

（1）繼續梯度式補貼電動車，直到在不補貼情形下電動車的購買＋保有成本低於同檔次的汽油車。

（2）順應技術對產業的顛覆，打破地方政府資本造成的分散格局，鼓勵產業重組。

（3）自動駕駛在成熟的過程中難免會出事故，不能因噎廢食。

（4）技術創新主要依靠市場和企業，特別是高科技創新企業。

（5）創新先行，監管押後。

關於自動駕駛的六種預測

　　預測未來永遠有風險，但可以促使自己深入思考，也能引起有品質的討論。

1.2022 年以後半自動駕駛功能將成為所有 15 萬元人民幣以上車型的標配

　　半自動駕駛包括 2016 年特斯拉率先推出的自我調整巡航（自動和前車保持距離）、自動緊急剎車、自動線道保持、自動換道、自動停車等基本功能。目前，這些功能所需的硬體成本（監控攝影機、毫米波雷達、處理晶片等）不超過 5000 元人民幣。2016 年中國生產了 2800 萬輛汽車，躍居世界第一，每輛車均價 13 萬元人民幣。假設汽車均價每年增長 3%，2022 年汽車均價會達到 15 萬元人民幣，屆時所有均價以上車型都將配備半自動駕駛功能。

2. 分步演進成為主流

　　目前許多廠家宣稱 2021—2022 年會推出 L5 全自動駕駛汽車，這個目標很難實現，乘用車不會一次到位 L5，甚至不會一步到位 L4。下一步是在半自動基礎上再加上交通標誌識別和本地高精度地圖，這樣就能夠做到在都市地區把每天上下班通勤自動化，這就能夠帶來 90% 的便利，其他 10% 的長尾情況（是指那些原來不受到重視的銷量小但種類多的產品或服務，由於總量巨大，累積起來的總收益超過主流產品的現象。）可以逐步解決。2021—2022 年有

望實現這樣的便利。

3. 非限定場景乘用車全自動駕駛到來的時間比想像得晚

最後的 10% 將要耗費比前面 90% 多得多的時間。由於在非限定區域駕駛的複雜性以及覆蓋大範圍的高精度地圖尚需時日，所以真正的非限定區域的無方向盤全自動駕駛至少需要十年以上的時間，也許會進入一個瓶頸期，很長時間也解決不了。

4. 垂直市場將早于乘用車市場

率先成熟的市場是那些駕駛環境相對簡單的行業應用，如海港、貨場、礦山、農業、基建、倉儲、貨物運輸、旅遊景區等。

5. 新進入者將逐步佔領市場

從電子製造業和互聯網行業進入汽車行業的新進入者，在十年內將「吃掉」一半以上的汽車市場。未來產業融合更多的是新科技巨頭收購傳統汽車公司。

6. 中國製造將成為世界領袖

中國電動車製造規模將成為世界領袖，同時將製造全球 80% 以上的感測器，包括毫米波雷達和光學雷達。在技術上除了核心處理晶片以外全面領先，特別是需要複雜場景訓練反覆運算的自動駕駛軟體。

以上對未來做出的幾個明確而不含糊的預測，等待未來驗證。

醫療與健康——世界上最有經驗的醫生

醫療健康是 AI 最熱門的應用領域之一，醫療行業有太多的方面可以借助 AI 得到質的提升。據追蹤風險投資動態的資料公司 CB Insights 的資料顯示，從 2012 年至 2017 年 7 月，醫療行業有 270 筆投資交易。語音辨識、影像視別技術、深度學習技術已經和醫療行業快速融合，在輔助診療、醫學影像、藥品研發、數字健康、疾病預測、虛擬護士等領域應用，提升藥品的研發速度、醫生的診斷醫治效率、患者的健康管理等。醫療資料目前較為分散，這給不少創業公司提供了從垂直領域切入的機遇。

醫學影像

AI 在醫療健康領域的第一個重要的應用是醫學影像診斷。2016 年 11 月，美國 FDA（食品藥品監督管理局）頒發了第一個醫療 AI 軟體平臺的許可。這個軟體平臺是史丹佛大學校友創辦的 Arterys 心臟核磁共振成像診斷平臺。這個平臺用 1000 個已知圖像對模型進行了訓練。心臟可以分為 17 個部分，通過這 17 個部分的影像可以判斷心臟是否有問

題。要通過 FDA 批准，這個平臺的判斷至少要和專業醫生一樣準確，這個平臺可以在 15 秒內做出判斷，而有經驗的醫生通常需要半小時到一小時，比醫生快了 200 倍左右。

我們知道癌症早期發現的治癒率遠遠高於中晚期。如果發現得早，那麼五年存活率可以達到 97%，但如果在最晚期發現，那麼五年存活率只有 14%。如何讓那些不方便看皮膚科醫生的人能夠最早發現病情就成為關鍵。美國每年有 540 萬例皮膚癌，2017 年初，史丹佛大學 AI 實驗室的 Thrun（特龍）教授的博士生開發出了一個可以診斷皮膚癌的 AI 演算法。他們用已經認證過的 370 張含有惡性皮膚癌和惡性黑色素瘤的圖片讓演算法和 21 位皮膚科醫生的判斷相比較，演算法在各方面都達到了和醫生相同的判斷準確度。

中國是全球肺癌死亡率和發病率最高的國家。僅 2015 年中國就有 429.2 萬新生腫瘤病例和 281.4 萬死亡病例，肺癌是發病率最高的腫瘤，也是癌症死因首。2015 年中國新生 47.7 萬例食道癌，占全球的 50%。新增肺癌病例 73.33 萬，占全球的 35.8%，中晚期占 70%。目前最有效的手段就是每年體檢，早期診斷和早期治療能將患者的五年生存率提高到 80% 以上。

肺癌早期發現的難點主要是：早期肺癌多表現為肺部結節。它們尺寸小，對比度低，非常容易跟其他的組織部位混淆，患者的 CT 掃描數量通常超過 200 層，人工閱片耗時耗力。騰訊公司推出的「騰訊覓影」技術，利用多尺度

國家	中國	美國	英國
人口	13.5億	3.14億	6,300萬
75歲前患癌症的風險	16.8%	31.1%	26.9%
75歲前因癌症死亡的風險	11.5%	11.2%	11.3%
癌症死亡率/發病比率	70%	33%	40%

表 5.1 中國、美國、英國的癌症發病率與死亡率
資料來源：IARC《五大洲癌症發病率》。

3D 卷積神經網路實現肺部圖像的 3D 分割與重建，結合金標準（指目前臨床醫學界公認的診斷疾病的最可靠、最準確、最好的診斷方法）病理診斷資料和大量醫生標註的結節位置資訊，3~10mm 肺結節檢測準確率達到 95%，肺癌識別率已經達到 80%，並且還能通過增強圖像與放大圖像輔助醫生查看。目前，該技術已經與數家三甲醫院（三級甲等醫院簡稱三甲醫院，是中國對醫院按照《醫院分級管理辦法》實行「三級六等」的等級劃分中最高等級的醫院）進行合作。該類技術的逐步商用可望大幅降低癌症患者的發現率和死亡率。

醫療影像視別比人臉影像視別要困難。例如早期腫瘤的診斷，人體組織是否有病變常常表現在該組織影像的大小、形狀、灰度上細微的差別。與人臉影像視別相比較，醫療影像視別的挑戰在於病變組織的形狀和樣態變化非常大。這些變化由下列因素造成。

（1）影像雜訊。由於在使用醫療成像儀器時照射劑量和顯

AI 背後的暗知識

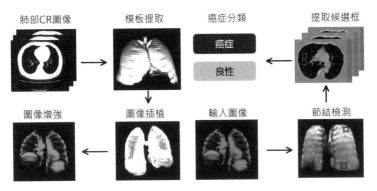

圖 5.9　人工智慧在早期肺癌篩查中的應用
圖片來源：騰訊覓影。

人機對比實驗	早期肺癌(敏感度)	良性樣本（特異度）
騰訊覓影	96%	88%
20名三甲醫院主治醫生以上（包括數名主任醫生）平均	77%	81%

表 5.2　50 例早期肺癌篩查人機對比實驗結果
資料來源：https://miying.qq.com/official/product/lung。

　　影劑濃度不同，所以組織的清晰度差別很大。

（2）患者個體差別。患者的身高、體重、器官大小、脂肪厚薄都會影響影像。

（3）患者在拍攝影像過程中的姿勢、動作和器官活動也會影響影像。

（4）內臟器官的位置，例如器官之間的接觸和遮擋會影響影像。

（5）醫療判斷的準確性和可靠性要求。與大部分人臉識別

不同，醫療圖像的判斷關乎人命，不可出錯。

為了使醫療影像視別更準確，通常借助下列兩個辦法。

第一，大資料庫。美國每年有 9000 萬張 CT（電腦斷層掃描）影像，訓練數據（Train Data）集越大，各種情形就包含得越多。

第二，解剖學和病理學背景知識。所有的醫療圖像都來自人體的某一個部分，解剖學和病理學的知識可以幫助識別和判斷。但解剖學和病理學知識通常用於基於規則的判斷或者是基於病理模型的判斷。但這兩種方法無法融入神經網路模型，所以只能和神經網路並行使用。當兩者判斷一致時可以增加神經網路判斷的可信度，但當兩者判斷不一致時，該相信哪一個的判斷呢？最後還是需要有經驗的醫生。

目前的人工智慧醫療影像識別判斷的主要作用是輔助判斷，但還不能不經醫生審核簽字就直接做判斷。但即使是輔助判斷，也可以提高閱片品質或加快速度。中國的三甲醫院每天可能產生上千張各種影像，目前的程序是先由初級醫生閱片，包括在影像上尋找異常位置、測量和記錄，初步判斷後把報告交給資深醫生審閱再做最後判斷。即使醫生在每張醫療圖片上只花 10 分鐘時間，一名醫生 8 小時不間斷閱片也只能看 48 張，一天如果有 480 張，則需要 10 位醫生閱片。況且在一些國家與地區，為了保證準確度，醫生的閱片數量被限定在一定範圍內。在三甲醫院，有經驗的醫療影像（例如放射科）醫生遠遠供不應求。如果人

工智慧閱片能夠把時間從原來的 10 分鐘縮短到 5 分鐘，就可以多讀一倍的影像。由於醫療成像設備成本快速下降，超音波、X 光、CT、核磁共振以及 PET（正電子發射電腦斷層掃描）等設備正在廣泛普及，醫學影像資料大幅度增長。美國的資料年增長率達到了 60%，但專業圖像醫生的增長率只有 2%。中國的醫學影像增長也達到了 30%，而醫生的增長只有 4%。這意味著醫生的工作量大增，判斷準確性下降。從影像方面的誤診人數來看，美國的誤診人數達到了 1200 萬 / 年，而中國因為人口基數龐大，更達到了驚人的 5700 萬 / 年，這些誤診主要發生在基層醫療機構。目前中國優質醫療資源高度集中在大城市。許多縣級以下醫院雖然都有能力添置更多的醫療影像設備，但嚴重缺乏有經驗的閱片醫生。如果 AI 醫療影像診斷能達到有經驗醫生的水準，那麼通過網路上傳閱片將大大提高中國基層醫療機構對疾病的診斷水準。可以預見，未來基於雲服務的醫療影像識別判斷將在基層醫院的影像識別和判斷上發揮主要作用。一旦這樣的實驗成功，將適用於全世界所有的發展中國家，甚至很多發達國家。從目前來看，人工智慧醫療影像的技術都是從醫院體系外部開始的，主要由高科技新創公司提供技術和醫院合作。這些公司的後臺演算法模型和計算能力都大同小異。關鍵看誰能從醫院得到更多以往被驗證過的獨家資料（即用於訓練神經網路模型的「乾淨」的已標註資料）。這些公司競爭的第二個能力就是業務拓展能力和市場策略（例如專攻高等級醫院還是基層醫

院）。在這個領域未來可能出現一些新的商業模式，例如當技術成熟時設立一家專門的醫療影像識別判斷機構，專門為大量的基層醫院提供外包服務。這樣的趨勢也將影響醫學院的課程設置和培養學生的方向。

發現新藥

　　AI 在醫療健康領域的第二個重要應用是製藥。小分子化合物新藥發現的簡單原理是找到一種化合物的分子結構能夠和要「對付」的生化目標（例如癌症細胞中的某種蛋白質或被病毒攻擊的人體正常蛋白質）發生反應，啟動或抑制目標蛋白質的某些功能。傳統的發現新藥的方法是試錯，像愛迪生發明鎢絲燈泡一樣試驗成千上萬種不同的化合物。但是這種試錯法成本極高，因為篩選出一個新藥的備選化合物要做大量的實驗，還要逐一比較該化合物的有效性和毒性副作用等。如圖 5.10 所示，世界大藥廠研發一款新藥的費用在 2010 年已經達到 26 億美元，今天早已大大超過這個金額。其中臨床前階段超過 10 億美元，這 10 億美元主要是用於初期的篩選和試錯。從大量的化合物中篩選出備選化合物直到最後優化出新藥不僅耗資巨大，而且過程長達數年。

　　在基於深度學習的人工智慧成熟之前，新藥研發已經廣泛使用電腦輔助製藥。根據人類已有的生化知識，例如備選化合物以及目標分子結構和特性，電腦可以通過建立

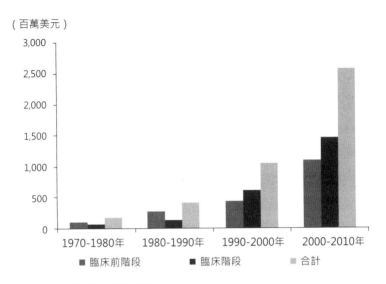

（百萬美元）

圖 5.10 不同年代新藥的研發成本
資料來源：Tufts Center for the Study of Drug Development，CSDD。

模型來類比化合物和目標蛋白質的生化反應，從而減少實驗和縮短時間。傳統的計算式新藥發現可以說是建立在對分子結構理解基礎上的「白箱測試」（測試內部結構或運作，而不是測試功能）模式。而基於深度學習的新藥發現則是一種「黑箱操作」模式。在「黑箱操作」模式下，電腦並不需要建立化合物的分子結構模型，甚至不需要瞭解備選化合物及生化目標的特性，而只需要有大量的已有化合物和已研究過的生化目標之間的生化反應資料。用這些已有資料來訓練神經網路模型，訓練好的深度學習演算法可以在很短的時間裡從大量不同化合物中篩選出可能有用的備選化合物。這裡被篩選的大量化合物也不是隨機產生

的，完全可以根據人類已有的知識用電腦模型產生那些可能性比較大的化合物。同樣的原理，在備選化合物進一步被篩選時，例如進行化合物的生物可利用性、代謝半衰期和毒性副作用的實驗時，仍然可以用已有的資料進行識別和篩選。這個原理類似一個有經驗的媒婆，當媒婆拿到一個男人的資料時，媒婆根據男人的長相、身高、個性、職業、收入等資料，然後在自己的記憶中尋找過去條件類似的男人成功配對的案例，就能八九不離十地給他介紹一個有希望配對成功的女孩子。目前矽谷和歐洲已經有幾家用深度學習發現新藥的公司，如位於三藩市的 Atomwise。

診斷與監測

　　AI 在醫療健康領域的第三個重要的應用是基於醫療大數據的診斷、預測和健康監測。醫療診斷的挑戰在於：第一，人體是一個複雜的系統；第二，所謂「同一種疾病」其實在每個個體身上都有很大的不同，例如當一個患者血糖高時，可能影響到心、肝、脾、肺、腎、胰腺等多個器官，不同的患者影響不同。即使是很有經驗的醫生也很難考慮得很周全，特別是優質醫療資源緊張的地方，例如中國的北京、上海等地，門診醫生能花在每個患者身上的診斷時間只有幾分鐘，醫生只能根據經驗和患者的情況做一個大致的疾病分類判斷，而基於人工智慧的診斷可以做精細化的診斷。第一步是收集整理患者的資料，包括各類化驗

AI 背後的暗知識

和檢查結果、患者的描述及醫生的判斷。將這些資料整理和清洗（剔除明顯錯誤或無關資料）後，將各類病症的相關性整理出來。圖 5.11 是矽谷 AI 醫療診斷公司 CloudMedx 對於各種疾病症狀之間的相關圖。圖中的每一個節點都是某類特定患者（特定性別、年齡、種族等）的某種症狀。節點之間的連線是兩種症狀之間的相關性，收集的患者資料量越大，節點就越多，相關性就越準確。這種超級相關圖就可以是深度學習裡面的用於訓練機器模型的已標註資料。一旦一個新的病例資料登錄機器中，機器就可以馬上根據已有的數據做出一個比有經驗的醫生還準確的判斷。

同樣的原理也適用於疾病的預測和預防。醫生有很多

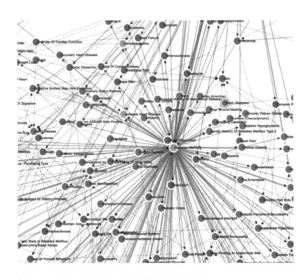

圖 5.11 疾病症狀之間相關性的超級連結
圖片來源：CloudMedx Inc.。

工具預測患者的健康狀況，但他們也經常被人體複雜性所難倒，尤其是心臟病發作是很難預料的。現在，科學家已經證明能夠運用人工智慧實現比標準的醫療指南更有效的預測，能大大提高預測的準確率。目前，各國的科學家已經在大腦疾病、心臟疾病、慢性病、心臟病、骨關節疾病、流行病等的預測研究上取得較好的成果。隨著這些方法的進一步成熟和實施，每年可以挽救數百萬人的生命。

每年有將近 2000 萬人死於心血管疾病，包括心臟病、中風、動脈阻塞和其他循環系統功能障礙。許多醫生使用類似美國心臟病學會／美國心臟協會（ACC/AHA）的指南預測這些病例。這些指南基於年齡、膽固醇高低和血壓等八個風險因素，經過醫生有效依疊加原理進行預測。但這種方式太簡單了，不能涵蓋患者可能使用的許多藥物，或者其他疾病和生活方式等因素。並且一些因素的影響是違反人類直覺的。英國諾丁漢大學的流行病學家斯蒂芬‧翁（Stephen Weng）說：「生物系統中有很多因素相互影響。在某些情況下，大量的脂肪實際上可以預防心臟病」。翁和他的團隊使用了四種機器學習演算法，以便發現病歷記錄和心血管疾病之間的關聯，他們基於英國 378256 名患者的電子病歷訓練了人工智慧模型。與 ACC/AHA 指南不同，機器學習方法考慮了 22 個影響因素，包括種族、關節炎和腎臟疾病等。利用 2005 年的記錄資料，他們預測在未來十年內哪些患者會有第一次心血管發病事件，並對 2015 年的記錄進行預測。四種機器學習方法的表現明顯優於 ACC/

AHA 指南，通過 AUC 的統計方法（得分為 1 意味著 100% 的準確率），ACC/AHA 指南得分是 0.728。這四種機器學習方法的得分介於 0.745~0.764。最好的一個神經網路比 ACC/AHA 方法準確率高 7.6%，並且它減少了 1.6% 的誤報，在大約 83000 條記錄的測試樣本中相當於可以多挽救 355 名患者的生命。翁說這是因為預測結果可以通過降低膽固醇的藥物或改變飲食來預防。這個研究發現，機器學習演算法認定的最強預測因素沒有被 ACC/AHA 指南囊括，例如嚴重的精神疾病和口服皮質類固醇。同時，ACC/AHA 清單中沒有一種演算法將糖尿病列入前 10 名預測指標。翁希望在後續的研究中演算法能包含其他生活方式和遺傳因素，以便進一步提高其準確性。

另一個通過人工智慧預測心臟疾病的研究機構也取得了很好的效果。英國醫學研究委員會下的 MRC 倫敦醫學科學研究所稱，人工智慧軟體通過分析血液檢測結果和心臟掃描結果，可以發現心臟即將衰竭的跡象。研究人員發現肺內血壓的增高會損害部分心臟，大約 1/3 的患者會在確診之後的五年內死亡。目前的治療方法主要是直接將藥物注射到血管以及肺移植，但是，醫生需要知道患者還能活多久，以便選擇正確的治療方案。研究人員在人工智慧軟體中錄入了 256 名心臟病患者的心臟核磁共振掃描結果和血液測試結果。軟體測量了每一次心跳中，心臟結構上標記的 3 萬個點的運動狀況，把這個資料與患者八年來的健康記錄相結合，人工智慧軟體就可以預測哪些異常狀況會導

致患者的死亡。人工智慧軟體能夠預測未來五年的生存情況，預測患者存活期只有一年的準確率大約為 80%，而醫生對於這個項目的預測準確率為 60%。

目前世界上超過 5 億人患有不同的腎臟疾病，但是全球對於慢性腎臟病的意識率不足 10%，因為慢性腎臟病早期沒有明顯的症狀，很容易被忽視，很多患者等到腎功能惡化時才去就醫，因此腎病分級預警是一件很急迫的事情。華南農業大學食品學院的研究員曾經基於人工智慧對絲球體過濾進行預測，通過神經網路構造了預測模型，從而最終構建出一個實用性良好的慢性腎臟病分型預警模型。

醫療健康診斷和預測是一個典型的暗知識案例。一個疾病的原因非常複雜，每個病人的身體情況和病史又都不同。人生活在一個超級複雜的環境中，環境中的所有因素都對人的健康有影響。過去的醫療教育是把這些非常複雜的情況大大的簡化，編寫成各種教科書和指南，但這些明知識根本無法覆蓋所有的情況，所以一個好的醫生主要是經過多年經驗掌握了大量的默知識。但由於人體的複雜性，每個醫生掌握的暗知識只是一點皮毛，無論是廣度和深度都遠遠不夠。只有機器學習才能系統地通過資料採集出大量複雜的，醫生通過自己經驗和理解都無法觸及的暗知識。這些資料不僅包括病人的資料，也包括生物、藥理、生理、氣候、環境等資料，機器能在這些複雜的資料中找出隱蔽的相關性。機器將發現越來越多的醫療健康方面的暗知識，這不僅將從根本上改變未來的醫療診斷，也將深刻影響未

來的醫學教育和醫生培養。

健康管理

　　健康管理是 AI 在醫療領域的第四個重要應用。移動智慧終端與移動互聯網的發展讓人們越來越多的行為以數位化的方式被記錄下來，包括醫療就診、飲食營養、運動狀況、睡眠時間、社交、生命徵象等資料。而人工智慧將逐步讓這些資料釋放出它們應有的價值，基於資料的分析，提供更為健康的生活方式，通過幫助人們管理攝入飲食的營養成分、生活方式、精神情緒等，讓健康群體對自身的健康實現更具前瞻性的管理和風險預測，讓亞健康（在中國大陸，亞健康是指人處於健康和疾病之間的一種臨界狀態）和正在康復的群體獲得更好的恢復方案。

　　Virta Health 是由加利福尼亞大學大衛斯分校醫學院的教授斯蒂芬‧菲尼（Stephen Phinney）博士和俄亥俄州立大學的教授傑夫‧福萊克（Jeff Volek）共同創辦的一家互聯網慢性病管理平臺。Virta Health 的技術平臺運用了 AI 技術，在其醫生和健康諮詢師團隊的輔助下，提供連續和即時的醫療支援，並能提出精準的飲食方案，為患者設計出個體化的碳水化合物攝入和飲食方案。當患者註冊成為 Virta Health 的會員後，它會寄給患者一套經過 FDA 認證的醫療設備，用於每日血糖、血壓和體重等身體指標的監測。在監測完成後，醫生根據當天的各項資料，通過人工智慧

的計算給患者制定出個性化的飲食方案。

　　Virta Health 還設立了健康教練的職位，向患者提供一對一的諮詢服務，如果是在非工作時間，那麼語音機器人可以給患者回答一些答案標準度高的醫學問題。此外，患者可以選擇加入線上社區，與其他病友分享治療心得，互相鼓勵。Virta Health 與印第安納大學醫學院於 2016 年開始針對 262 位 II 型糖尿病患者展開為期兩年的試驗，前十周就已經取得了讓人振奮的治療效果。87% 的患者減少胰島素的注射量，56% 的患者糖化血紅蛋白含量降至健康水準，75% 的患者體重至少減少了 5%。

　　美國公司 Realeyes 使用電腦視覺、機器學習技術，通過電腦或智慧手機監控攝影機跟蹤用戶臉部表情，評估用戶的情緒變化。目前，Realeyes 已經建立了超過 500 萬幀的人臉資料庫。每一幀都有多達 7 個臉部動作註解，比如皺眉意味著困惑，而眉毛向上抬起則表示驚訝。此外還會有其他臉部特徵協助一起進行情緒識別，使分析結果更有說服力。Realeyes 正在研發一款心理健康產品，以便幫助人們變得快樂並且保持快樂。

　　隨著智慧手機、可穿戴設備中感測器的豐富，這些設備已經可以獲取使用者在不同場景中的運動資料（跑步、瑜伽、游泳等），睡眠品質、血糖、心率、心電圖、血氧等資料，以及生活場景中的溫度、空氣、紫外線等資料，從而為人工智慧更健康地管理人們的生活提供更全面精準的資料。

醫療語音助理

　　AI 在醫療領域的第五個重要應用是醫療語音助理。醫療語音助理目前已經在病歷登錄、智慧引導就醫、推薦用藥等環節開始商用，幫助醫生減輕工作壓力，提升患者的就醫體驗。

　　病歷表書寫花費了醫生相當多的時間。據香港德信2016 年調查資料顯示，中國 50% 以上的住院醫生平均每天用於寫病歷表的時間超過 4 個小時，相當一部分醫生寫病歷表的時間超過 7 個小時。而語音助理則能夠大幅減少寫病歷表所用的時間，醫生的口述內容可以即時轉寫成文字，記錄到醫院資訊管理軟體中。記錄病歷的效率提高以後，醫生能夠擁有更多時間問診。對放射科等特殊科室的醫生來說更是效果明顯。放射科醫生大多需要在 2 個螢幕間來回切換，可以同時觀察影像及進行報告記錄，有了語音轉文字功能，可以把注意力放在影像上，邊看邊説，工作更加流暢，效率也大大提高。2016 年 8 月，北京協和醫院在病房、手術室、超聲科、放射科等全部上線「醫療智慧語音記錄系統」，成為首家支援語音識別的公立三甲醫院，這套系統的語音辨識準確率達到 95% 以上，個別科室的準確率更是超過 98%。

　　美國語音技術公司 Nuance 推出的虛擬助手 Florence，更是能在一定程度上理解醫生語音檔，並通過洞察發現來

提供及時的建議，例如藥物、實驗室或做 CT 的訂單等。
Nuance 的報告顯示，Florence 在試行階段就為醫生節省
了 35%的時間，而現在與優化之前相比節省的時間超過了
50%。該系統還將 20 個訂單的鍵盤敲擊總數從 87 次減少
到零。Nuance 表示，這意味著僅僅在美國的藥學、放射學
和實驗室訂單方面，一年就為醫生節省了 2260 萬個小時。

　　智慧導診機器人也開始在醫院中使用。路過醫院大廳
的醫生或服務台人員經常被患者叫住詢問該掛哪個科的號，
有無主治醫師，以及洗手間、路線等問題。資料顯示，目
前中國一家三甲醫院的日門診總量平均約為 6000 人次，即
便 10% 的患者詢問這些問題，也將給醫院帶來很大壓力，

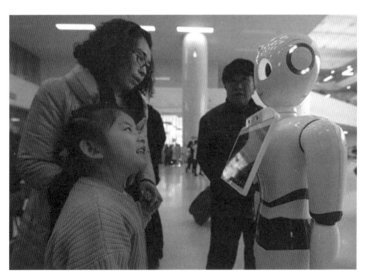

圖 5.12 北京 301 醫院門診大廳內的智慧導診機器人
圖片來源：中新網。

AI 背後的暗知識

並且由於分屬不同的科別及專業知識的不同，被問詢的醫生或護士很難精準地回答。而智慧問診機器人在雲端和醫院的各個系統以及服務商的知識庫相接，能夠通過語音或顯示幕輕鬆準確地解答大多數問題，並且這些導診機器人還能聽懂不同的方言和外語，能夠解決該類人群溝通不暢的問題。目前，科大訊飛的機器人「曉曼」、進化者機器人公司的機器人「小胖」已經開始在北京、武漢等地的醫院提供服務。

還有一個語音輔助醫療的例子是荷蘭一家創業公司開發的接線輔助智慧系統 Corti。該系統能夠根據患者提供的資訊和說話聲音，識別患者的症狀，向急救專業人員進行提示，並且能夠提醒人工接線員詢問患者更詳細的問題。2016 年 12 月，接線員推斷一名男士在事故中摔倒，被損壞的屋頂砸到了背部，此時，Corti 開啟了聲音識別模式，它聽到了微弱的震動聲，患者雖然心臟驟停但還在試著呼吸，Corti 準確的辨視出了這個場景。

智慧金融將導致一大批白領、金領失業

AI 將給金融行業帶來徹底的顛覆。金融行業的重要分支例如銀行、保險、證券、理財等將無一倖免。

銀行

　　全球銀行業正在受到金融科技的巨大衝擊。據埃森哲研究調查數據顯示，消費者正以每年兩位數的增長速度從傳統銀行遷移到互聯網金融。超過一半的調查者認為目前銀行基於互聯網金融的營業額所占的比例低於 10%。埃森哲預測到 2020 年銀行業將有近 30% 的營業額受到影響。

　　人工智慧技術作為金融科技的核心技術，正在使銀行業的服務形態、資料處理、需求觀察、風險管理等發生根本性的變革。首先，銀行面對消費者的大量業務和服務將被 AI 取代。例如貸款的審核方面，人工智慧可以在貸前、貸中、貸後進行客戶跟蹤管理。根據銀行的徵信資料加上社交的資料行為特徵，可以

　　精準地描述個人行為和金融風險。一筆貸款的申請和審核可以在瞬間完成，並且比人工審核的呆賬率更低。以前銀行做小額信貸很少，因為風險太大，損失率太高，現在因為人工智慧和大資料，小額信貸開始蓬勃發展。再比如客服方面，滙豐銀行、恒生銀行、中國平安銀行等都推出了智慧語音客服，採用了自然語言處理技術，能夠回答客戶的提問。根據美國市場調查公司

　　Juniper Research（朱尼普研究公司）計算，與傳統的呼叫中心（呼叫中心是基於現代通訊與 CTI 平台，採用了 IVR、ACD 等等功能，可以同時處理大量各種不同的電話呼入和呼出業務與服務的系統。）調查相比，一個聊天機器人

的回答將節省大約 4 分鐘。預計到 2022 年，聊天機器人將幫助全球銀行每年節省 80 億美元。

其次，AI 將取代銀行內部的大量人工管理工作。大型銀行必須處理大量的資料以便生成財務報告，並滿足合規要求。這些過程都越來越規範化、程式化，但仍需要大量人員進行其它任務，比如對賬和合併報表，他們的工作是機器人過程自動化（RPA）的理想選擇。不僅如此，在接下來的幾年中，人工智慧將被用於改變財務中最核心的功能，例如公司間對賬和季報表，以及進行財務分析、合規分析等更具有戰略性的職能。AI 提供了速度和準確性，例如，整個報告和披露過程可以和真實時間保持同步，不用再等到每個季度末期。由 AI 支撐的財務團隊能夠比現在更快地發現問題並做出調整，從而提高準確性，而非每個季度的最後階段才做努力。例如英國的 Suade 公司合規平臺能夠滿足銀行時刻審慎的監管政策，該平臺能夠自動通過資料整理產生監管報告。

風險控制對銀行業來說非常重要。整體的風控方面也開始引入越來越多的演算法。以前銀行的首席風險官主要緊盯資產負債表來控制風險，而當前隨著各種資料的增加，負債表、收益表、庫存、流量、企業的經營狀況都被納入其中，並且即時跟蹤分析，不用等到資產負債表出來再進行調整模型，整個風險的管控精準度比以前大大提高了。

銀行業也正在借助演算法來遴選人才，同時減少跳槽員工的數量。德意志銀行 2016 年 9 月面向部分美國大學畢

業生啟用一套篩選系統，該系統由一家矽谷公司 Koru 設計。參與德意志銀行美國企業融資職位的候選人要完成該系統 20 分鐘的行為測驗，以便選取和公司表現最佳的初級員工有類似忠誠度的員工。負責該專案的德意志銀行董事總經理諾艾爾・沃爾普（Noel Volpe）表示，該系統旨在發現「具備我行最優秀、最聰明的人才身上某些特徵的候選人」。他相信，與各銀行通常競相爭奪的常春藤大學候選人相比，新的測驗所識別出的人選將更適合該行，因為常春藤大學的畢業生往往沒有忠誠這個概念。花旗集團、高盛也在試著運行自己的版本。

面對金融科技帶來的競爭力和緊迫感，銀行除了變革業務架構和將技術融入業務之中，一定要重視自身的天然優勢既有的使用者和資料。麥肯錫研究報告以銀行業為例指出，銀行業每產生 100 萬美元的收入，就會產生 820GB 的資料。金融行業在發展的過程中積累了大量的資料，包括客戶資訊、交易資訊、資產負債資訊等。

圖 5.13 是不同行業每產生 100 萬美元收入所產生的資料量。

隨著軟體功能的增強和感測器成本的降低，單位收入所產生的數據還會大大增加。

交易資訊、帳戶資訊、身份特徵資訊和行為資料構成了未來金融業基礎核心資料的重心。截至目前，包括網路銀行所用的數據在內，銀行業使用的資料只占現存資料的不到 10%。銀行只有結合用戶在互聯網上的行為特徵，深

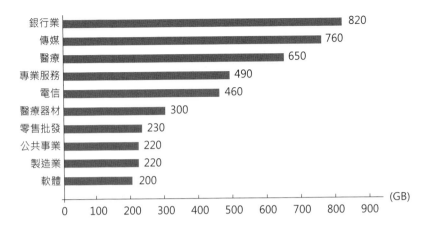

圖 5.13 不同行業每產生 100 萬美元收入所產生的資料量
圖片來源：麥肯錫報告。

度挖掘既有的資料，才能更好地掌握和吸引用戶，並為他們帶來更好的服務體驗。

保險

　　以人工智慧、大資料、區塊鏈等技術為核心的 InsurTech（保險科技）正在重新定義保險產業。保險業務從產品設計，售前（諮詢、推薦、關懷），承保（認證、核保、定價），理賠（反欺詐、核損、賠付），售後服務（客服、日常分析、客戶關係管理），以及行銷和風險控制方面都在重新建構。

　　在產品創新方面，通過 AI 可以精準發掘潛在的保險需求，提供客製化保險產品。三藩市的一家汽車保險公司

Metromile 打破傳統車險的固定收費模式，利用手機 App 軟體及大數據運算掌握用戶的開車里程數，並根據收集到的資料實施客製化收費，讓使用者根據開車行為及情況更公平地支付保費。Metromile 認為 65% 的車主都支付了過高的保費以便補貼少數開車最多的人，因此它們抓住傳統車險模式中的這個痛點，推出按量計費的新形態車險，實現中里程數的個性化定價。Metromile 提供的車險由基礎費用和按里程變動費用兩部分組成。其計算公式為每月保費總額 = 每月基礎保費 + 每月行車里程數 × 單位里程保費。其中基礎保費和單位里程保費會根據不同車主的情況有所不同（如年齡、車型、駕車歷史等），基礎保費一般在 15~40 美元，按里程計費的部分一般是 2~6 美分 / 英里。Metromile 還設置了保費上限，當日里程數超過 150 英里（華盛頓地區是 250 英里）時，超過的部分不需要再多交保費。2017 年特斯拉也宣佈今後將自己提供汽車保險。因為特斯拉有每輛車的駕駛資料，它可以為每輛車制定個性化保險產品，這樣的「保險精算」是任何傳統保險公司都望塵莫及的。

保險行銷創新，現在通過大資料的應用，平臺可以對資料進行比較，協助客戶選擇保險。比如有一款手機軟體 Denim，為保險公司提供社交推廣平臺，通過資料分析為保險公司精確引流客戶。保險管理平臺的創新，比如 Apliant 就是一家為經理人提供管理平臺的軟體，提高經理人的服務效率以及服務水準。在承保方面，南非農業資料分析平臺 Aerobotics 公司通過無人機來獲取農業、物流、礦產等

AI 背後的暗知識

行業的資料，以此來評定風險等級，提升公司效率。矽谷的財產保險公司 Cape Analytics 則是利用機器學習和高空攝影技術來為投保人的財產進行風險等級測評。其高空成像技術可以檢測出不同的時間內，同一空間內物體的改變情況。

在理賠方面，2017 年 6 月，中國的網路金融服務公司螞蟻金服基於影像視別檢測技術與人工智慧推出了「定損寶」，只需按要求將拍攝的照片上傳，定損寶就能用雲端伺服器的演算法模型根據使用者上傳的圖片進行判定，生成解決方案，該類產品能夠在理賠服務流程中降低成本。目前在保險業中，約有 10 萬人從事勘查定損的工作。實現自動定損之後，預計可以減少勘查定損人員 50% 的工作量。美國財產保險公司 Dropin 更是開發了一個直播平臺，保險公司可以從無人機或用戶手機端獲取事故現場的即時影片並以此為依據進行遠端定損。

當前保險科技參與主體按照經營特點分為三類，分別是傳統保險公司、互聯網保險公司和技術服務公司。全球已經有超過 1300 家保險初創企業，大多數通過更為精準的產品設計或者全流程的金融科技提供服務。加上阿里巴巴、騰訊、百度等科技巨頭進軍保險行業，這對於傳統保險公司無疑形成了相當大的壓力。

國際會計師事務所普華永道的研究調查顯示，保險行業對金融科技顛覆行業的擔憂正在減弱。2017 年大部分受訪者（56%）預計其業務收入的 1%~20% 可能受到保險科

	2016		2017
0%	8%~100%		1%
0%	64%~80%		3%
10%	41%~60%		6%
22%	21%~40%		20%
48%	1%~20%		56%

圖 5.14 未來五年內,可能被保險科技公司搶走的業務收入占比
圖片來源:普華永道報告。

技公司的威脅。

　　但多數傳統保險公司的前途依然堪憂。人工智慧對保險的顛覆會來得更加迅速猛烈,因為保險是以場景為基礎的,人工智慧的技術就是以場景為基礎處理特殊的任務。阿里巴巴、騰訊、百度等互聯網公司通過線上服務更為精準地掌握了用戶的出行、餐飲、娛樂、就醫、社會風險等場景資料,通過分析資料來推銷的準確率要大大高於保險營業員的推銷率。並且在人工智慧技術和資訊服務平臺上,傳統的保險公司也並不佔優勢。互聯網公司能聯動互聯網的參與方(例如互聯網電商、互聯網社交、互聯網金融等公司及客戶)嵌入互聯網背後的物流、支付、消費者保障等環節,創造新的互聯網保險產品,並實現從保險產品的購買到理賠全在線上進行,比如,阿里巴巴根據使用者在其電商平臺購買手機產品時推薦加購手機螢幕破裂的保險。

AI 背後的暗知識

證券

　　電腦自動化交易方興未艾，更新換代進程不斷加速，曾經由人類主宰的金融領域，也正發生著巨大的變革。2000 年，高盛在紐約總部的美國現金股票交易櫃檯雇用了 600 名交易員，為投資銀行的大客戶買賣股票。但今天，這裡只剩下兩名交易員，由 200 名電腦工程師支援的自動交易程式已經接管了其餘的工作。融合機器學習的複雜的交易演算法首先取代了市場上很容易確定價格的交易，包括高盛以前的 600 名交易員操作的股票。目前一些複雜的交易如貨幣和信貸交易，並不在證券交易所交易，而是通過不太透明的交易者在網路進行交易，但即是這些複雜交易也正在實現自動化。

　　追蹤金融行業走向的英國公司 Coalition 表示，當前將近 45% 的交易都通過電子管道完成。在裁員壓力下處理日常運作事務的職員首當其衝，不光是高盛，越來越多的銀行加入了裁員的浪潮之中。瑞銀集團 CEO 塞爾吉奧‧埃爾莫提（Sergio Ermotti）接受採訪時稱，隨著銀行業的科技進步，未來數年該行可能裁員近 3 萬人，占公司人員的 30%。

　　面對來自人工智慧的競爭，就連許多高薪人士都將失業。目前，高盛有 9000 名工程師，占總員工的 1/3。接下來，將有更多高層級的工作被自動化，高盛計畫讓 IPO（首次公開募股）過程中約 146 個步驟獲得自動化，但傳統工作上

圖 5.15 八年前瑞銀集團的交易大廳
圖片來源：https://www.zerohedge.com/news/2016-12-20/worlds-largest-trading-floor-sale。

圖 5.16 如今瑞銀集團的交易大廳
圖片來源：https://www.zerohedge.com/news/2016-12-20/worlds-largest-trading-floor-sale。

AI 背後的暗知識

專注于推銷和建立人際關係等崗位還暫時不會被取代。

　　智慧投資顧問最早在 2008 年左右興起於美國，又稱機器人投資顧問（Robo-Advisor）。依據現代資產組合理論，結合個人投資者的風險偏好和理財目標，利用演算法和友好的互聯網介面，為客戶提供財富管理和線上投資建議服務。

　　根據美國金融監管局（FINRA）2016 年 3 月提出的標準，理想的智慧投顧服務包括客戶分析、大類資產配置、投資組合選擇、交易執行、組合再平衡、稅負管理和組合分析。傳統投顧和智慧投顧都是基於以上七個步驟，只是實施的方式不同，而智慧投顧本質上是技術代替人工投顧。但相對于公司職員，智慧顧問的優勢是，它可以不知疲倦地監控投資組合的表現，24 小時不停歇地工作，還可以對所有的投資組合同等對待。最重要的是它大幅降低了成本，因為機器人服務的使用，美國以前以 50 萬~100 萬美元為起點的理財產品今天降低到 5 萬美元，服務費從 5% 降到0.3%~0.5%。

　　據權威線上統計資料門戶 Statista 資料顯示，2017 年全球智慧投顧管理資產超過 2248 億美元，年增長率高達47.5%，到 2021 年全球智慧投顧管理資產規模將超過 1 萬億美元。（見圖 5.17）

　　2015 年 3 月，嘉信理財（Charles Schwab）推出了免諮詢費的智慧投顧平臺的 Intelligent Portfolios。該投顧平臺能夠覆蓋高達 20 種不同的資產，根據不同投資者的需

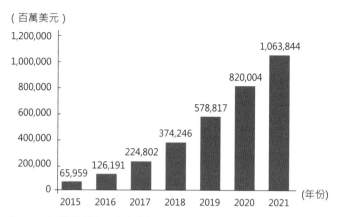

（百萬美元）

圖 5.17 智慧投顧管理資產總額
資料來源：Statista。

求、風險偏好、收入水準，通過後臺運算來制定投資組合。
受託管理規模的快速上漲說明其智慧投顧體系在一定程度
上能夠吸引客戶，給公司帶來增量收入，優化收入結構。
截至 2017 年第二季度，公司智慧投顧平臺總共受託管理客
戶資產 194 億美元，較上年同期上漲 137%，較第一季度環
比上漲 22%。這個智慧投顧平臺的盈利模式主要是來自嘉
信交易型指數基金 ETF 產品的管理費、為協力廠商被選入
智慧投顧組合的 ETF 產品的服務費、ETF 申購贖回等交易
費用，以及一些類似貨幣基金產品的收益。就支出成本而
言，其平均受託管理資產的支出成本遠低於其他大型經紀
商和投資銀行。

　　日盛證券在 2017 年 11 月推出 AI 理財機器人 ── AI 理
財獅，可以為投資人提供線上 24 小時即問即答服務，上線
2 個月就吸引超過萬名投資人嘗試，發問次數 4 萬多次，使

AI 背後的暗知識

用情況相當踴躍。

　　對證券公司、投資銀行來說，裁員意味著更豐厚的利潤。根據聯盟研究統計，在銷售、交易和研究領域，全球 12 個最大的投資銀行員工的平均薪酬為 50 萬美元，包括薪資和獎金。而聯盟研究主管 Amrit Shahani 說，華爾街 75% 的薪酬給了那些高薪的「前端」員工。一旦這些交易員被機器取代，他們以前獲得的薪酬就將直接計入公司利潤。這同時也引發了人們對失業的擔憂，因為曾經光鮮亮麗的部分華爾街菁英也難逃這次衝擊。

智能時代萬物皆媒，人機協作時代已經來臨

　　人工智慧正在徹底重塑媒體產業，線索、策劃、採訪、生產、分發、回饋等全新聞鏈路都因為人工智慧的到來而發生變革，媒體也正在走向智媒時代。人工智慧不僅能夠幫助媒體從業者更快地發現線索，輔助或自主生產新聞，並能根據每個受眾的喜好有針對性地發送新聞，同時它能為商家匹配更精準的廣告，讓媒體更好地實現商業化。

自動化寫作

　　目前的自動化寫作已經得到較廣泛的應用，最初多以財經和體育新聞的快訊、短訊及財報為主，因為這些報導一般能夠較好地拿到結構化的資料。隨著技術的發展，自

時間	公司	做法
2006年	湯姆森	美國湯姆森公司用機器人記者撰寫經濟和金融方面的新聞
2008年	路透社	路透社的Open Calais在校對界大顯身手
2011年	Narrative Science	Narrative Science公司機器人用演算法把資料轉化成財經和房地產報導
2012年	《華盛頓郵報》	《華盛頓郵報》新聞核查機器人Truth Teller
2014年	Wordsmith	AI公司的機器人Wordsmith針對讀者生產定製版內容
2014年3月	《洛杉磯時報》	《洛杉磯時報》機器人Quakebot在地震發生3分鐘後自動生成和發佈了報導 除了災難新聞，《洛杉磯時報》還開發出快速發佈犯罪新聞的機器人
2014年4月	《衛報》	機器人生產出靠演算法編輯的紙質報紙
2014年7月	美聯社	美聯社全面利用機器人Wordsmith寫作，僅需0.3秒就可以撰寫、發佈上市公司盈利報導，還能定製多種語言風格
2015年	法國《世界報》	法國《世界報》和Syllabs公司合作，用機器人記者報導了選舉活動
2015年8月	《紐約時報》	《紐約時報》的機器人編輯Blossom每天會從300多篇文章中挑出「潛力股」，推薦給編輯。其平均點擊量是普通文章的38倍
2015年9月	《騰訊財經》	騰訊財經推出了國內第一篇由寫稿機器人Dreamwriter撰寫的「機器人新聞」
2015年11月	新華社	新華社推出「快筆小新」，從事體育和經濟資訊報導
2016年5月	阿里巴巴	第一財經聯合推出「DT稿王」，其寫稿多、快、好
2016年8月	今日頭條	今日頭條推出Xiaomingbot（張小明），即時撰寫里約奧運會新聞稿件
2016年8月	《華盛頓郵報》	《華盛頓郵報》採用寫稿軟體Heliograf報導里約奧運會，幾秒鐘便可生成並發佈一條Twitter（推特）新聞

表 5.3 新聞機器人發展大事記
資料來源：中國人民大學新聞坊。

動化寫作機器人的能力開始涵蓋了選題、寫稿、校對等全方位的功能，題材也拓展到災難、犯罪、選舉等領域。而且花費的時間更少，還能夠定製內容。

　　美聯社是自動化新聞最早的探索者之一。2013 年夏天，美聯社的新聞部門負責人提出一個在當時看來略顯激進的想法引入人工智慧進行自動化新聞創作。幾個月後，在 Automated Insights（研究新聞自動生成的技術公司，位於美國北卡羅萊納州）的技術支持下，美聯社獲得了通過機器自動生產新聞的能力，從體育新聞簡報起步，在 2014 年開始使用演算法自動生成財報報導。美聯社當時估計這個做法能釋放記者 20% 的時間，可以讓這些記者從事更為複雜和關鍵的工作。2015 年，美聯社制定了一個五年（2015-2020 年）戰略規劃。美聯社戰略及企業發展部高級副總裁 Jim Kennedy（吉姆·甘迺迪）希望在 2020 年之前，美聯社 80% 的新聞內容生產都能實現自動化。美聯社全球商業編輯 Lisa Gibbs（莉莎·吉布斯）說：「經由自動化，美聯社向客戶提供的公司財報發佈報導是以前的 12 倍，其中包括許多從未受到什麼過關注的非常小的公司。利用這些釋放出來的時間，美聯社記者可以參與更多使用者產生的內容，製作多媒體報導，追蹤調查報導，並專注於更複雜的新聞」。騰訊是中國自動化新聞最早的嘗試者。中國的自動化新聞為什麼比海外晚了將近十年？除了中國媒體自身意願和人員成本比西方國家低以外，西方媒體更側重於和技術公司合作，例如德國的 AX Semantics、美國的

8 月 CPI 同比上漲 2.0%，創 12 個月新高

騰訊財經訊國家統計局週四公佈數據顯示，8 月 CPI 同比上漲 2.0%，漲幅比 7 月的 1.6% 略有擴大，但高於預期值 1.9%，並創 12 個月新高。

國家統計局城市司高級統計師余秋梅認為，從環比看，8 月份豬肉、鮮菜和蛋等食品價格大幅上漲，是 CPI 環比漲幅較高的主要原因。8 月份豬肉價格連續第四個月恢復性上漲，環比漲幅為 7.7%，影響 CPI 上漲 0.25 個百分點。部分地區高溫、暴雨天氣交替，影響了新鮮蔬菜的生產和運輸，新鮮蔬菜價格環比上漲 6.8%，影響 CPI 上漲 0.21 個百分點。蛋價環比上漲 10.2%，影響 CPI 上漲 0.08 個百分點，但 8 月價格仍低於去年同期。豬肉、鮮菜和蛋三項合計影響 CPI 環比上漲 0.54 個百分點，超過 8 月 CPI 環比總漲幅。

他表示，從同比看，8 月份 CPI 同比上漲 2.0%，漲幅比上月擴大 0.4 個百分點，主要原因是食品價格同比漲幅有所擴大。8 月份，食品價格同比上漲 3.7%，漲幅比上月擴大 1.0 個百分點，其中豬肉、鮮菜價格同比分別上漲 19.6% 和 15.9%，合計影響 CPI 上漲 1.05 個百分點。非食品價格同比上漲 1.1%，漲幅與上月相同，但家庭服務、煙草、學前教育、公共汽車票和理髮等價格漲幅仍然較高，漲幅分別為 7.4%、6.8%、5.6%、5.3% 和 5.2%。

圖 5.18 騰訊寫作機器人生成的財經報導
圖片來源：騰訊新聞。

AI 背後的暗知識

Narrative Science、法國的 SYLLABS 和 LABSENCE、英國的 Arria 等為媒體提供了解決方案或技術支撐，而中國的媒體大多自行研究機器寫作技術。2015 年 9 月，騰訊財經開發的機器人 Dreamwriter 發佈了一篇關於 8 月 CPI（民眾消費價格指數）的稿件《8 月 CPI 同比上漲 2.0% 創 12 個月新高》。如圖 5.18 所示，稿件分為兩部分，第一部分是資料本身，第二部分是各界人士對資料的分析解讀。之後，Dreamwriter 持續發佈新聞稿件，根據《中國新媒體趨勢報告 2016》資料顯示，2016 年第三季度，騰訊財經機器人寫作文章的數量達到了 4 萬篇。

Dreamwriter 寫作的整個流程主要包括資料庫的建立、機器對資料庫的學習、就具體專案進行寫作、內容審核、分發 5 個環節。騰訊要先透過購買或自己創建資料庫，然後讓 Dreamwriter 對數據庫內的各項資料進行學習，生成相對應的寫作手法，全部學習完之後便可以進行與資料庫相關聯的新聞事件的報導寫作，寫作完成後進入審核環節，最後通過騰訊的內容發佈平臺到達使用者端。

圖 5.19 機器寫作的流程
圖片來源：
中國人民大學新聞坊。

自動化寫作無論是對新聞行業還是對讀者來說，都帶來了顯而易見的好處。對新聞工作者來說，他們可以把程式化、重複化的工作交給機器，自己進行更深度的思考與寫作，並且在寫作過程中能夠得到人工智慧的支援，寫作後有系統校對。對讀者來說，這些新聞最重要的需求是快，對於體育、財經、地震等對時效性要求極高的報導更為明顯。另外，滿足使用者對長尾內容與個性化內容的需求，在傳統新聞理論中，某些冷門比賽的報導價值不大，但實際上依然有可觀的閱讀量，比如棒球比賽對於中國棒球球迷，乒乓球比賽對於美國乒乓球球迷。

　　隨著自動化新聞數量的增多和深度的加強，其背後演算法的設定就開始受到懷疑。雖然大多數自動化新聞設定了審核環節，但是在實際操作過程中，為了時效性，大多數並沒有經過人工審核。這樣可能出現的後果是，一個錯誤的稿件可以瞬間發給百萬級的用戶。谷歌技術孵化器 Jigsaw 的溝通負責人丹・凱瑟琳稱：「算法容易產生偏見，就像人類一樣。我們需要以在新聞報導中處理事實的謹慎來對待數位。它們需要被檢查，它們需要被確認，它們的背景需要被理解」。這就要求新聞工作者不僅要參與部分內容的審核，還要和演算法工程師一道，讓機器擁有更準確的表述能力和價值觀。

輔助寫作

　　智慧媒體時代不是人工智慧對新聞工作者的替代。相反的，人工智能結合互聯網更好地連接了人與人，更好地匯聚人的智慧，並拓展了人的能力。在未來的新聞行業裡，記者和人工智慧形成「人機聯姻」的生產模式。演算法分析資料、發現有趣的故事線索，記者進行複雜變數的處理和判斷，微妙情感關係的處理和表達，採訪重要人物以及幕後故事的發掘等，在人執行的每一步工作流程中人工智慧都將有一定的參與。

1. 語音辨識技術在新聞工作中廣泛使用

　　語音辨識技術能使記者減少每天必須完成的日常任務。傳統的新聞採訪後的錄音整理是一項特別耗時耗力的工作，據雷諾茲新聞研究所（RJI）最近對美國超過 100 名記者進行的調查顯示，記者每週平均花費 3 個小時訪問採訪對象，並花一倍的時間把採訪的錄音整理出來。然而通過語音辨識技術，可以輕鬆完成這項工作，中國新聞工作者開始借助訊飛語音記錄等應用程式減少工作負擔。RJI 未來實驗室開發的一個帶語音轉文字功能的 App「Recordly」也希望能夠做到這一點。該專案負責人辛蒂亞・拉杜（Sintia Radu）表示：「Recordly 出自我們自己希望報導和寫作過程更加有效的需求。我們把聽錄音視為浪費時間，我們認為，以這個煩人的工作開始寫任何報導都是適得其反，當

作者聽完錄音以後，再要把報導完成時已經很疲憊了」。

2. 深度學習能夠增強記者的分析能力

　　深度學習能夠更深入分析出受訪者或事件背後的深層次關係。在 2017 年 1 月的美國總統就職演講過程中，美聯社與 IBM 的沃森認知技術平臺合作，利用人工智慧對川普的臉部表情進行分析，同時結合川普的演講稿、演講語調、人格洞悉和社交媒體趨勢等資料形成一些基於情感分析賦值的新聞報導。沃森機器人對川普關鍵情緒觸發點進行了打分，給出的情感分析結果是「悲傷」（0.4996）大於「喜悅」（0.4555），且情緒表達更為「偏激」，這一點與後來《今日美國》發佈的新聞「分析：川普短小、黑暗且有挑釁意

實體	關聯性	感情	類型
美國	0.754812	積極	克制
情緒	分數		
憤怒	0.075456		
厭惡	0.231049		
害怕	0.068197		
歡樂	0.455526		
悲傷	0.499659		

表 5.4 IBM 沃森給川普就職演講各類情緒所打的分數
資料來源：IBM Watson。

AI 背後的暗知識

味的就職演說」在情感色彩表達上不謀而合。

目前，還有一類「商業關係圖譜」公司，利用深度學習和大資料技術，發掘商業人物、公司、財產等之間的關聯。例如中國的「天眼查」軟體通過分析國內 8000 萬家企業、人、實體之間關係的投資結構，個體商戶工商資訊以及企業商標資訊庫，公開的訴訟資訊等海量資料庫，用深度學習、大資料技術解析出商業社會關係網路，讓人物關係、公司持股等關係一目了然，目前已經被記者用於新聞報導中。

3. 機器視覺技術有助於查找資訊和資料

機器視覺技術主要用於從照片和影片中自動提取描述資料，例如位置，可識別的人、地點和事物等有價值的中繼資料，使圖像更容易管理或被搜索、發現，既便於編輯快速分類和組織大量圖像和影片的語料庫，提高編輯速度，又為調查記者提供了豐富的調查證據。

美聯社使用 Digital Globe（美國高解析度地球影像服務供應商）的衛星圖像技術，來鎖定東南亞海域輪船的高解析度圖像，以便獲得一個關於海洋捕撈行業濫捕的調查項目的重要證據，該報導在 2016 年獲得普立茲獎中的公共服務獎。Digital Globe 的電腦視覺演算法能夠調整其衛星監控攝影機，拍攝最佳和必要的圖像，這些圖像給予新聞工作者一個「上帝視角」，為新聞報告提供了一個全新的參考點，這超出了傳統新聞報導團隊的能力範圍。（見圖 5.20）

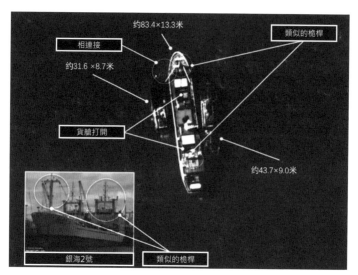

圖 5.20 東南亞商船運送貨物路線的衛星圖像
（7 月 14 日銀海 2 號在阿拉弗拉海）
圖片來源：DigitalGlobe。

　　在另一個工作場景中，文本轉影片平臺 Wibbitz 利用影像視別，自動用編輯圖片和影片腳本產生匹配一段給特定文本的影片，生成粗剪的影片供編輯人員進一步精編。這樣允許記者更多地關注內容，更少地關注製作影片的重複工作。

　　平臺使更多人能夠更快、更好和更有效地工作，也能幫助製片人大規模創作有吸引力的影片。2016 年，阿里雲還演示了一段人工智慧解說 NBA（美國職業籃球聯賽）的影片，這項技術在電視、網路媒體的即時播報中也將發揮重要作用。

AI 背後的暗知識

感測器新聞

2013 年，紐約公共廣播的資料新聞團隊藉由土壤溫度傳感器，準確報導了美國東海岸蟬的破土交配。這應該是感測器新聞的最初探索之一。隨著智慧終端機呈現指數級增長（美國電腦技術工業協會預測到 2020 年將達到 500 億台），未來社會越來越多的資訊將直接通過這些終端的感測器獲取，呈現萬物皆媒的趨勢。

感測器必將改變新聞的採集手段。在這個層面上的感測器，是人的感官延伸，可以在一定程度上幫助人突破自身的局限，從更多空間、更多維度獲得與解讀資訊。通過感測器獲得的大規模環境資訊、地理資訊、人流資訊、物流資訊、自然界資訊等，可以為專業媒體的報導提供更為豐富、可靠的資料，甚至可以為選題的發現提供線索。感測器對某些特定物件或環境的監測能力，也使它們可以更靈敏地感知未來動向，為預測性報導提供依據。淨化器公司瞭解每個家庭的空氣狀況，智慧手錶、智慧手環公司能夠獲取一個地區民眾的運動和身體狀況。未來，媒體可能需要尋求掌握該類資料的合作夥伴，從更深、更廣的層面獲取新聞訊息，從而帶來新的可能性。

美國堪薩斯城一家創業公司 Shot Tracker 就開發了一套智慧系統。這套系統通過在球鞋和籃球中植入感測器，向人們傳達球場上的一切資訊，從而讓籃球比賽變得更加透明。Shot Tracker 系統還能根據球員和球在場上的移動

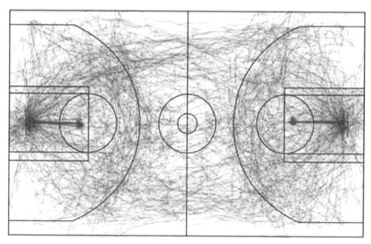

圖 5.21 NBA 借感測器繪製比賽中籃球與球員的運動軌跡
圖片來源：cnBeta。

資料進行即時分析，包括球員投籃次數、失誤次數、助攻、抄截、扣籃等動作，對球員情況進行一系列分析，把在本次比賽中球員的優勢和劣勢都以資料的形式呈現出來。該類感測器的普及，將使體育新聞報導中球員表現等資料的準確性大幅提升。

另外，感測器還有「用戶回饋」的價值。作為回饋機制的傳感器，將用戶回饋深化到了生理層面。感測器可以採集使用者的心跳、腦電波狀態、眼球軌跡等身體資料，準確測量使用者對於某些資訊的反應狀態。這樣一個層面的回饋，不僅可以更真實、精確地反映資訊在每個個體端的傳播效果，也可以為資訊生產的即時調節、個性化客製或長遠規劃提供可靠的依據。

AI 背後的暗知識

在智慧物體作為資訊採集者日益普及時，「物—人」之間的直接資訊交互也將逐漸變成常態。由「物」所監測或感知的某些資訊，也許通過「物—人」資訊系統，就能直接到達目標受眾，這會使專業媒體的仲介性意義被削弱，甚至可能出現 OGC（Object Generated Content，物體生產內容）。

個性化新聞

個性化新聞在今天已被普遍接受，它主要體現在三個層面：一是個性化推送；二是對話式呈現；三是客製化生產，這是個性化新聞的更高目標，它的成熟與普及取決於更深層的用戶洞察能力。

1. 個性化推送

個性化推送凸顯了演算法對於新聞分發的意義，演算法的水準決定了個性化匹配的精準程度。一個人長期使用某 App 瀏覽新聞，該使用者的閱讀資料就會被不斷地回饋進資料庫，使用者的輪廓就逐漸清晰。同時，隨著用戶數量的增加，通過相似點的描繪可以將人不斷地分群，從而進行群體分發，再加上之前累積的資料，通過算法運算完成智慧化的推薦。但令大家擔憂的是，演算法容易被其所有公司或更高的利益集團所控制，失去新聞報導的獨立性和對社會進步的推動作用，這一點已經在中國的個性化新

聞中有所體現。演算法只提供受眾喜歡閱讀或認同的資訊內容，導致個人消費越來越多的同類資訊，以致個體受眾不太可能閱讀到與其意見相左的資訊或觀點，社會上不同聲音之間的溝通交流日趨減少，社會言論也越來越單一。演算法讓「過濾氣泡」現象更加嚴重，給社會輿論的健康帶來風險。

2. 對話式呈現

一些媒體正在探索社交機器人在新聞傳播中的應用，它們將某些新聞的獲取和閱讀過程變成一個互動對話過程，通過機器人與使用者的對話，來瞭解使用者的閱讀偏好，進而推薦相關的內容，但使用者是否願意承受這種對話的成本，仍需觀察。例如，全球數千萬的用戶可以要求亞馬遜或谷歌的智慧音箱播放美國線上、《華盛頓郵報》3 小時內的精彩新聞。

3. 客製化生產

和今天純粹用演算法做匹配的機制不完全一樣，未來還會生成所謂客製化資訊的生產，即基於大資料分析的、基於場景的個人化資訊客製，針對使用者的興趣生產和講解。客製化生產是個性化新聞的更高目標，它的成熟與普及取決於更深層的用戶洞察能力，場景分析是瞭解用戶在特定環境下需求的一把鑰匙。Automated Insights 已經在該方面進行嘗試，雅虎正在合作關於幻想運動（fantasy sport）的

內容，使用者可以選擇真實比賽中登場的運動員，組成自己的球隊，和朋友之間相互比賽，在美國每週有超過 3000 萬使用者使用這項內容，為每一對匹配的對抗組進行報導，使用者能夠知道關注的隊伍表現得如何，投球表現如何，勝利了或是失敗了。雅虎曾經的做法是發佈一個報導，讓千百萬人同時讀它，Automated Insights 能夠發佈千萬個報導，而且每個報導都是獨一無二、專門為用戶客製的。

智慧城市 ── 「上帝視角」的城市管理

早在 2008 年 IBM 就提出了智慧城市的概念，從交通、醫療、能源、政府、水資源、安全、樓宇和園區領域為政府提供整套的智慧城市方案。目的是讓城市運轉更加高效環保，管理更加科學，並能提前發現問題，如交通擁堵、環境污染、公共安全等。隨後，多個國家開始了智慧城市的實踐，高峰時期 IBM 曾有超過 1000 個智慧城市項目在建。但普通市民似乎並未感受到擁堵的交通狀況有所改善，地震、火災後政府的回應能力有所加快，就醫的體驗有所提升。

企業、政府、未來學家都希望將城市打造成一個高度統一的智慧系統，但龐大的軟體、硬體、基礎設施投入和短期內有限的效益形成了較大反差。不少政府放棄了 IBM 起初的方案，轉而從垂直領域出發，從解決具體問題入手，提高城市的智慧化水準。而 AI 在其中扮演了越來越重要的

角色，AI 推動下的安防、交通系統、政務服務、環境保護等都獲得了質的突破。

智慧交通

交通問題是讓很多大城市政府頭疼的問題，即使有明確的交通規則和更寬的馬路，堵車也會發生。因為交通系統是典型的「非線性系統」，有非常多的因素相互牽制和互相依賴。在大城市上班的市民一定會感受到，早高峰的時候，你 6:00 出門，就能早半小時到達，而你再晚 10 分鐘出門，可能就會遲到。

2016 年，麻省理工學院、瑞士蘇黎世理工學院和義大利國家研究委員會聯合研究團隊已經研發出一款新道路系統，在道路上將不再有交通號誌燈，並提出了「基於時段的交叉路口」概念，其與航空交通管制系統相似，即每輛汽車接近交叉路口時，由交通管理系統協調交叉路口時間。這意味著整個交通系統將與道路上的所有汽車實現同步。麻省理工學院可感知實驗室研究科學家、義大利國家研究委員會會員保羅‧桑蒂（Paolo Santi）表示，將交通燈號更換成基於時段的道路系統可以極大地提高交叉路口的交通性能，而且交通堵塞和延誤現象也會隨之消失。而韓國最大的通信運營商 SK 廠商正在測試借助 5G 即時通信技術將汽車與其他車輛和行人連接起來的技術，最終使未來的交通不再需要交通號誌燈。其計畫 2019 年開始為主要高速

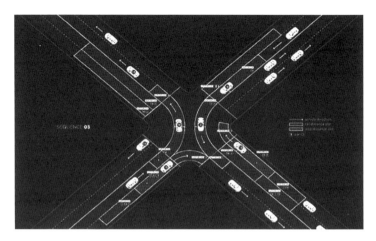

圖 5.22 不再有交通號誌燈的交叉路口
圖片來源：麻省理工學院可感知城市實驗室。

公路推出這種自動駕駛服務，然後將服務擴展到更繁忙的街道。

　　未來，只有智慧駕駛汽車、交通基礎設施、車聯網、交通管理系統整體協同才能讓每個公司的無人車在公平的規則下行使，才能實現真正的智慧交通，從而大幅提升交通效率。阿里巴巴為城市交通系統打造了一個「城市大腦」。2016 年 10 月，該系統首先在杭州測試，通過杭州 5 萬多個道路監控攝影機做資訊採集，相關資料彙集到後臺進行交換與處理，由人工智慧系統做出演算法決策，然後再傳回交通設施上執行，可以對整個城市進行全域即時分析，自動調配公共資源，在部分路段的測試過程中，「城市大腦」讓車輛的通行速度最高提升了 11%。該類系統的商用也將大幅減少人力成本，阿里巴巴視覺計算組負責人

介紹説：「這些影片如果由交警 24 小時輪三班去看，需要 15 萬個交警，而通過演算法，城市大腦可以在短時間內把這些影片都看完，算清楚有多少輛車往哪些方向走了」。

　　高級輔助駕駛汽車和車聯網結合能夠大幅降低城市的交通事故，並減少車輛的能源消耗。美國交通部基於 600 萬例交通事故的分析資料顯示，ADAS（高級輔助駕駛系統）的使用能夠降低 15% 的交通事故，V2X（車聯網）的使用能夠降低 36% 的交通事故，而兩者結合能夠避免 96% 的交通事故。華為在蘇州工業園區的智慧交通測試更是驗證了這個説法。因為車聯網的引入，交通延誤能夠降低 15%，主幹道平均速度提高 15%，停車次數降低 17%。而歐洲一個團隊通過車聯網讓車輛編隊行駛，能夠減少車輛油耗 7%~15%，減少人力成本 40%。

安防

　　AI 在打擊恐怖分子、罪犯，預測突發情況，管理密集人群等方面開始發揮較大效用。影像視別技術開始讓城市管理系統實現目標檢測（車牌識別）、人臉識別（屬性提取）、目標分類（車、行人）等功能。主要用在運動目標檢測、周邊入侵防範、目標識別、車輛檢測、人流統計等方面。

　　圖像和影片識別可以分為下列幾大類應用。

（1）人臉識別及統計（包括唇語識別）。

（2）虹膜／指紋識別。

（3）表情識別 - 測謊儀。

（4）物體識別及動作順序。

（5）網路特定類圖片監控。

（6）第四類步態識別。

　　第一類影像視別是人臉識別。全世界人臉識別最大的市場是中國，人臉識別在中國已經被廣泛應用於手機支付、ATM 機、門禁、打卡、海關、車（機）票、交通違規監測、安全監控等。人臉識別甚至開始應用于速食店，利用老客戶的點餐習慣加快點餐速度。人臉識別還可以用於尋找早年被拐賣的兒童。中國各地目前有大約 1.8 億台監控攝影機，到 2020 年將增加到 4.5 億台，平均每三個人就有一台監控攝影機。中國已經建成了世界上最大的影片監控網「中國天網」，利用人工智慧和大資料進行警務預測。2017 年 4 月，深圳已經開始利用人臉識別技術來識別違規穿越馬路的行人。2016 年，中國安防行業市場規模已經達到 5400 億元，同比增長 9%。預計未來幾年，中國安防行業市場規模將從 2015 年的近 5000 億元增長到 2020 年的 8759 億元，年增長率在 11% 以上。

　　人臉識別的主要任務有兩類：一類是在一組未知的圖像中找出是否有某個人；另一類是判斷一張圖像是否為某個特定的人。傳統的自動影像視別分為以下幾步。

（1）先用一組事先定義的人臉特徵把將要識別的人臉進行分類，每個人臉都表現為特徵集中的一組參數。

（2）在圖像中首先識別有沒有人臉，如果有，再識別在圖像中的什麼位置。

（3）找到圖像中每個人臉的特徵，將這些特徵和已經存在於資料庫的各個人臉特徵參數進行比較，找到相似度最高的人臉。而深度學習放棄了使用事先定義好的人臉特徵集，而是用已知人臉圖像去訓練模型。目前，在影像視別中主要使用 CNN，不論是什麼樣的應用，都是先有一組已經標註的訓練圖像，用這組訓練圖像將 CNN 訓練好以後，用 CNN 來識別未知的圖像。比較簡單的應用是個人圖像認證，例如手機掃臉密碼。這種應用的圖像清晰（基本都是對著鏡頭的大頭照），而且只需要識別是否為某一個人，訓練集只是一個人的不同照片。第二類是門禁、打卡、車票等系統類，需要識別出監控攝影機前是存在於資料庫中的一群人中的哪一位。這兩類應用都是被識別人「希望被認出來」，所以問題相對簡單。比較困難的是「不希望被認出來」的情況，例如，在公共場合的監控攝影機中監控是否有某特定一群人中的一個或幾個出現。挑戰在於監控攝影機的解析度有限，被攝影人離鏡頭的距離太遠，光線和方向、姿勢都有許多變化，更別提如果化妝或者整形的情況了。假設監控攝影機的解析度為 1920×1080（高解析度），可靠地識別一個人臉需要解析度不低於 100×100。根據不同的景深和畫幅，當人臉和監控攝影機距離 10~20 米時，人臉識別的可靠性就會大幅下降。另外監控攝影機的安裝位置都遠遠高於人臉，當人離監控攝影機太近時，頭頂會遮擋人

臉。總體來説在一個公共場合，例如商場或廣場角落的監控攝影機想要準確識別人流中是否有記錄在案的人是一件非常有挑戰性的事。指紋識別和虹膜識別的原理都和人臉識別類似，但細節不同。

目前公共場合圖像和影像監控的一個技術發展方向是把識別能力和監控攝影機放在一起。設想一個大城市有上百萬台監控攝影機，如果每台監控攝影機按照每秒 64kBit 速率向雲端傳送，每天就會產生上千 TB 的資料，無論是處理還是儲存成本都非常高。更重要的是從監控特定人群的角度來看，這些資料絕大部分都是無用資料。如果識別能力放在監控攝影機端，那麼只有當發現疑似目標時才會上傳資料。這種監控攝影機端的識別可以用高速 CPU 和 GPU 來做，但價格太高。假設一個監控點的整個成本為五萬元台幣（包括監控攝影機、電源線、網路線、安裝費用），識別晶片的成本不應該超過一萬元台幣。而且耗電不能太高，因為戶外環境不容易安裝散熱設備。目前的解決方案主要是 FPGA（現場可程式化邏輯閘陣列），但當演算法穩定和標準形成後，長遠的解決方案一定是低功耗、低成本的專用晶片。設計生產這種晶片的可以是晶片設計廠商，但更有優勢的是那些已經大量生產和部署監控攝影機的公司。

人臉識別中還包括表情識別和唇語識別。用表情識別來測謊可能比心電圖更準確。由於表情的定義本身比較模糊，分類也很有挑戰，所以很難另外取得被測者的標註資料。唇語識別是一項集機器視覺與自然語言處理於一體的

技術，即通過人的口型變化推測說了什麼話。早在 2003 年，英特爾便開發了「視聽說識別系統」軟體，供開發者研製能讀懂「唇語」的電腦。2016 年，谷歌 DeepMind 英文唇語識別系統便已經可以支援 17500 個詞了，新聞測試集識別準確率達 50% 以上。目前口型識別的準確率能夠達到約 60%。2017 年 12 月，搜狗推出了中文版的唇語識別，可以直接從有人講話的影片中，通過識別說話人的唇部動作，來解讀說話者所說的內容。通過端到端深度神經網路技術進行中文唇語序列建模，經過數千小時的真實唇語資料訓

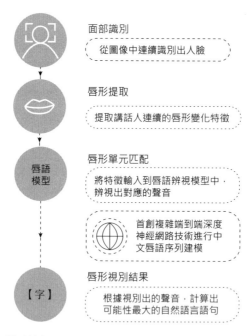

圖 5.23 唇語識別技術原理
圖片來源：搜狗。

AI 背後的暗知識

練，打造了一個「唇語模型」，在非特定人開放口語測試集上，該系統達到 60% 以上的準確率，在垂直場景命令集例如車載、智慧家居等場景下甚至已經達到 90% 的準確率。

第二類影像視別是物體識別和統計。例如在衛星照片中辨視出地面有多少架飛機、分別是什麼型號，地鐵站每天有多少乘客，商場有多少特定類型的顧客（例如年輕女性）等。有挑戰的是在影片中識別一個物體的某個部位的連續動作，例如記錄一台怪手的鏟斗在一段時間內挖掘了多少斗的礦石。

第三類影像識別是識別出網路中上傳的圖像或影片是否違規，例如色情圖片。這種應用也相當有挑戰性，原因之一是被識別類別不容易清晰界定（比如到底什麼算色情），原因之二是訓練集可能會非常大，使訓練和識別的成本都非常高。

第四類影像識別是步態識別，中國科學院研究出了一種新興的生物特徵識別技術步態識別。該技術只看走路的姿態，在 50 米內，眨兩下眼睛的時間，監控攝影機就能準確辨識出特定物件，即使遮擋了臉部也有效。虹膜識別通常需要目標在 30 公分以內，人臉識別需在 5 米以內，而步態識別在超高清監控攝影機下，識別距離可達 50 米，識別速度在 200 毫秒（一毫秒是千分之一秒）以內。此外，步態識別無須識別物件主動配合，即便一個人在幾十米外戴著面具背對普通監控監控攝影機隨意走動，步態識別演算法也可以對其進行身份判斷。步態識別還能完成超大範圍

人群密度測算，能夠對 100 米外或者 1000 平方米內的上千人進行即時計數。這些技術能廣泛應用於安防、公共交通、商業等場景。

預測管理

2014 年 12 月 31 日晚間發生在上海外灘的踩踏事件，造成 36 人死亡，49 人受傷。其原因就是跨年夜活動吸引了相當多的遊客到場，而城市管理者不清楚人流密度，從而沒有及時疏散，該類問題隨著 AI 的到來將逐步得到解決。AI 結合大資料技術，已經能夠在城市的人流預測、天氣預測、災害預測等方面發揮作用。微軟亞洲研究院借助 CNN、RNN 技術與城市的資料，已經能夠成功預測未來十幾個小時的城市人流情況、霧霾發生概率等，這將在一定程度上改寫城市的管理方式。

微軟亞洲研究院以貴陽計程車的即時資料為樣本，基於人工智慧、雲計算、大資料做了即時的人流量預測系統。系統把城市劃成 1000 米 ×1000 米的格子，預測每個格子裡面未來會有多少計程車進出。每個格子顏色不同，代表了不同的資訊，每點一個格子就會跳出一個圖形和表格，能清楚知道整個城市某個區域人群流動接下來十幾個小時會呈現什麼狀態。比如已經發生過的計程車進出情況，未來的人流情況，昨天同一時間的情況等。同樣地，任何人流預測資料來源，比如手機訊號、地鐵刷卡記錄等，都可

AI 背後的暗知識

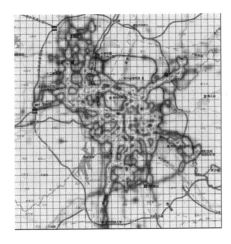

圖 5.24
貴陽即時人流量預測系統
圖片來源：
微軟亞洲研究院。

以通過該系統模型進行運算從而得到某地將有多少人進出的結果，並預測未來十幾個小時的城市人流情況。微軟亞洲研究院的鄭宇博士領導了這個研究，該研究成果《城市人群流動的深度時空預測網路》（Deep Spatio-Temporal Residual Networks for Citywide Crowd Flows Prediction）已經發表在第 31 屆人工智慧大會 AAAI-17 上。

未來這個方向的研究還會有更深遠的發展，該研究已經可以用來預測城市霧霾等空氣品質情況。未來應該還可以預測幾天內有無大暴雨，基於城市基礎設施，預測哪些地方會淹水，哪些地方排水不夠等。

重複體力勞動者將被機器人全面替代

機器人中最大的一支就是自動駕駛汽車，因為這個產業太大，通常大家把它專門拿出來研究。不算自動駕駛汽車和無人機的機器人市場到底有多大？IDC 研究報告預計，到 2019 年全球機器人市場規模將達到 1350 億美元，2015 年全球機器人支出為 710 億美元，並將以 17% 的年複合增長率增長。這個市場主要包括三個類型：裝配線機器人、（與人）合作型機器人、自主型機器人。

　　裝配線機器人的特點是動作程式化，並且不需要判斷。根據工業裝配線的事先設計要求給機器人輸入指令後，機器人一直做重複性的動作。合作型機器人主要是和人一起完成生產線上的任務，由人來做複雜和需要判斷的事情，由機器做辛苦但重複性強的工作。合作型機器人和裝配線機器人類似，但是因為和人近距離在一起操作，所以需要有緊急保護裝置，以防傷人。人工智慧影響最大的是自主型機器人，這類機器人目前主要是做服務型工作，例如商場導購、飯店大廳接待、醫院送器械和藥、社區巡邏、家庭衛生、食品製作等。目前最成熟的是掃地機器人，每年能賣出上千萬台，其他的都還不成熟。原因之一在於每一個服務專案的感知、判斷和行動決策都很複雜，與自動駕駛類似，如果成本太高，就沒有經濟價值。服務型機器人的第二個問題是如何和現有流程配合。例如社區巡邏，如果機器人無法一次取代保安的所有複雜工作，那麼機器人如何和社區保安分工協調？故障和維修如何解決？自主型機器人未來的主要市場仍然是工業生產線。目前高產值重

型裝配，例如汽車，已經越來越多地使用機器人，但許多低產值的輕型裝配還需要使用大量人工。隨著機器人成本的降低，這類生產線也將逐漸配備機器人。另一類是非裝配型的生產線，例如食品加工、禽畜屠宰、貨物分揀等。這些工作在理論上都能逐漸被機器人取代，前提是一台機器人的成本低於一個生產工人的 1~2 年的工資福利。在技術上要求這類機器人有一定的視覺感知，較快的處理速度。最重要的是機器人大腦軟體必須適應性極強，能夠在現場設置匹配各種不同的生產過程或者能夠學習新技能，而不必為每個生產流程專門製作軟體。這要求開發出一款通用機器人大腦軟體，包括通用的感知、判斷和控制，並且能夠方便地設置成不同的應用場景。可以預見，能開發出這種軟體的公司將有巨大的商業前景。與此同時，一個能夠裝在大批中低端自主型機器人上的將感知、控制、通信都集成到一起的低成本晶片也會很有商業前景。

打通巴比倫塔 ── 黑天鵝殺手級應用

　　當所有人對 AI 的注意力都集中在諸如自動駕駛、人臉識別等「低垂果實」上時，一場最深刻的革命很可能發生在自然語言翻譯和理解領域。這場革命可能改變自幾十萬年前智人發出第一聲有意義的「哼哼」以來的人類文明史。人類有可能第一次無障礙地協同蓋起一座「巴比倫塔」。一旦語言的隔離被打破，文化的隔閡也將在幾代人之間被

圖 5.25 巴比倫塔
圖片來源：http://nolabelsnolies.com/different-tower-of-babel/。

衝破。

　　筆者 2015 年在巴西自駕旅行時須臾不可離的就是手機裡的谷歌翻譯應用。巴西能講英語的人不多，不論是租車還是住店，筆者都要掏出手機給谷歌翻譯說一通英語讓手機翻譯成葡萄牙語，然後拿著手機給對方播放，再讓對方對著手機說一通葡萄牙語，翻譯後對著自己播放。由於翻譯得不準確，加上現場的雜訊，來回讓雙方對著手機麥克風等，使用體驗非常差，但是比沒有要好很多。這裡面有很多技術問題需要解決，能夠使翻譯體驗流暢的最低要求有以下幾點。

（1）不需要拿著手機來回對著雙方。理想化的硬體是一個掛在脖子上的小項鍊，或者是一個遠小於手機的可以放在對話雙方之間的小盒子，裡面有像亞馬遜智慧音

AI 背後的暗知識

箱 Echo 那樣的喇叭和多聲道麥克風可以聚焦講話者的聲音，濾除現場噪音。

（2）不需要每說一句話都要按一次「翻譯」或「播放」。翻譯機和活人翻譯一樣，只要檢測到說話者的停頓或一段完整意思的結束，馬上就開始播放翻譯。

（3）必須能夠離線。當手機沒有聯網訊號時，手機裡的存儲內容和計算能力足夠一些常用的翻譯。

（4）翻譯準確率達到 99%。自從 2017 年初谷歌將翻譯後臺從傳統的統計方法改為神經網路翻譯後，準確率大大提高。隨著翻譯量的增多，相信以目前的神經網路和計算能力，已足夠應對日常生活（例如旅行）的翻譯。但是要進行專業或和歷史文化深刻聯繫的翻譯，還需要一定的努力。

以上只是對一部翻譯機最低的要求，進一步的要求是這部翻譯機在生活中「隱去」，成為日常穿戴的一部分。例如做成極小的像助聽器那樣的器件，通過手機和網路相連，可以做到無縫的「同聲傳譯」，並在同聲傳譯時可以抵消對方發出的原聲，即「原聲抵消」，做到聽者只能聽到翻譯而不被原聲干擾。

要做到以上無縫、流暢的翻譯，基礎的技術都已經成熟或接近成熟。主要的技術難點有以下幾個。

（1）微型多聲道抗噪遠場聲音檢測技術。

（2）目前亞馬遜的 Echo 已經具備了多聲道抗噪音和說話者方向聚焦功能，但這些功能還需要進一步改進。包

括能夠識別不同的人,不必每次喊「Alexa」(亞馬遜語音助理),能在更嘈雜的環境下識別語音,最重要的是進一步微型化。

(3)語義理解。神經網路在短短的幾年內大大提高了語音識別的準確率,但是語義理解仍然是瓶頸。對著機器翻譯説一大段話,機器翻譯會暈倒的。

(4)學習「主人」的背景和個性,以便更透徹地理解每一句話。機器翻譯的進一步發展是在文化背景方面遠超人類。例如一位英文翻譯人員如果不是在美國長大,即使閱讀量很大,也有文化背景的隔閡。例如當大家談論起幾十年前的一個電影鏡頭,或某場棒球比賽的一個擊打,或者一個南部地區的生僻俚語時,翻譯就不懂了。一位沒在中國生活過的中文翻譯人員也存在同樣的問題。而像海綿一樣大量吸收背景知識恰恰是機器學習的強項。可以預見未來的機器翻譯就像一個同時在兩個國家長大的孩子一樣熟悉雙方的歷史和文化。

機器翻譯未來還會增加一項人類做不到的功能,就是提前熟悉對方的背景。當人類進行一次重要會見或談判時,都會事先做功課瞭解對方。人類花幾天做的事,機器可以一秒做完。

根據目前人工智慧晶片和演算法的發展,隨身翻譯可以在 5~10 年內實現,能超越人的翻譯可以在 20 年左右實現。一旦無縫、流暢的同聲翻譯實現了,對世界的影響就

是巨大的。目前雖然交通和通信將物理距離縮短，增加了人類的交流和分工合作，但是語言隔閡仍然是最主要的障礙。中國目前有上億人出國旅遊，大部分是跟團遊，如果有了無縫、流暢的翻譯，到外國和到中國一個省的感覺一樣，那麼很多人會選擇自助遊。商業的交流成本也會大幅降低，到任何其他國家工作都沒有語言障礙。這種無縫、流暢的同聲翻譯衝擊最大的是文化和身份認同。今天世界民族主義回潮，民族國家的界限主要以語言和文化進行劃分，當這面牆被拆掉後，今天的民族國家是否還會存在？2017 年 10 月 Google 發佈了一款與智能手機配套的智慧耳機，在谷歌語音技術、翻譯技術的支援下，這款小小的耳機可以實現 40 種語言即時翻譯功能，雖然不是非常準確，但是基本的旅遊度假還是可以做到的。

　　無縫、流暢的同聲翻譯最終會導致全球文化多樣性的消失嗎？不會。原因是每個人講的和聽的仍然是自己的母語。人類將生活在一種「雙層社會」中：一層是「世界大同層」，大家各自說著自己的母語，但是規則和習慣逐漸融合；另一層是「本土家鄉層」，各自的習俗仍然不同。只要沒有超

圖 5.26 谷歌的即時翻譯耳機

級規模的人類大遷徙和混合，各種母語文化仍然會繼續生長。這並不奇怪，其實今天人類在世界範圍內的商業活動已經是使用和遵循共同的規則了。

全方位衝擊

AI 對各個產業的影響只是開端。任何一個行業只要在運行過程中產生大量資料，就可能被 AI 優化和部分（或者全部）自動化。如果這個行業資金多，那麼更會吸引一系列新創公司進入這個行業來顛覆。除了我們在前面討論的交通運輸、醫療健康、金融服務等行業之外，下列行業也將不可避免地受到 AI 的衝擊。

製造業

除了生產線、裝配線繼續大量使用機器人以外，製造業的供應鏈管理、行銷也將大量採用 AI。阿里巴巴的「ET 工業大腦」幫助協鑫光伏（太陽能光伏發電的零組件製造商）的良品率提升 1%，一年節省上億元成本對整個中國製造業而言意味著巨大的利潤增長空間。

批發零售業

目前批發零售業已經受到互聯網的嚴重衝擊，互聯網

AI 背後的暗知識

公司由於從誕生之日起就擁有資料且會利用資料，將率先採用 AI 繼續顛覆零售業。AI 正在積極影響零售業的運輸、定價與促銷、供應商互動和管理決策等環節。據麥肯錫測算，基於 AI 的需求預測方法比傳統方法的預測誤差減少 30%~70%，由於產品無效性導致的銷售損失可以降低 65%。今天亞馬遜和阿里巴巴的無人零售店只是端倪，自動駕駛送貨上門和遍地開花的自動售貨店有可能徹底取代傳統零售業。

法律

IBM、阿里巴巴、科大訊飛在法條的查找、審判記錄等方面開始使用 AI。IBM 的沃森系統可以幫著找到「判例法」，幫助律師找到更有力的證據。智慧財產權律師可以用 AI 自動查找過往的專利，搜索專利違反和版權剽竊事件，甚至能起草專利申請。

廣告行銷

Facebook 通過 AI 技術掃描使用者的狀態更新、上傳的圖片、影片，簽到，點贊，甚至是 Linked Apps（連接應用）等相關資料，能夠生成使用者的數位檔案和使用者畫像，從而實現智慧刊登和精準的行銷服務。影片廣告領域 Video++（智慧廣告位識別刊登與營銷解決方案公司）利用

AI 為客戶在網路劇、節目直播中尋求到精準的廣告刊登。

房地產

無人機監理、機器人巡邏、建築、工程監理、房屋銷售和租賃、物業管理等一系列環節將被 AI 優化或取代。

政府和公用事業

政府的運行，特別是對市民的服務將會大量自動化，市政管理包括交通管理、員警、安全監控等將會大量使用 AI。

國防軍事

用來自動駕駛汽車的技術也可以用來駕駛坦克。無人機已經成了美國反恐戰爭的重要武器，按現在的發展速度，下一場空戰將不會再有飛行員。我們在下一章還會詳細討論 AI 對戰爭的影響。

旅遊

未來你的個人智慧助理比家人還熟悉你，你只要說「想去巴西玩一周」，所有的行程就都安排好了。

教育

　　「高考機器人」能夠比高中畢業生考取更高的分數只是向大眾演示 AI 的可能性。真正的衝擊是在目前線上教育內容基礎上的、個性化的智慧老師、自動評測和答疑等。當個性化智慧教育發展到一定程度，很有可能會徹底顛覆目前的教育，例如分散的虛擬學習社區有可能取代集中式的學校，按照需求學習的終身教育有可能取代小學到大學的傳統教育。

農業

　　今天的農業已經開始大規模使用無人機等先進技術，天氣、土壤、農作物、市場訊息等可以幫助農民更精準地種植。

AI 背後的暗知識

暗知識神蹟 ——
機器能否超越人類

AI 的作用將不止於顛覆商業，還會有更深刻和長期的影響。

本章負責開腦洞，理解了本章就能知道下一代該如何做好準備。

這一章也可以直接跳進來讀，但最好能先讀前兩章。

我們在上一章描述了 AI 在短期內會對商業和生活造成的影響，但我們很難想像更長期（30~50 年）的影響。雖然預測長遠的未來很難，但是如果能深刻理解 AI 的本質，就能對未來的方向有感覺。2007 年蘋果手機的發佈開啟了移動互聯網的一波巨浪，當時對移動互聯網有兩種不同的觀點。一種觀點認為移動互聯網和個人電腦互聯網有完全不同的性質，會出現全新的殺手級應用。另一種觀點（主要是個人電腦互聯網的部分大佬）認為手機無非是個人電腦的延伸，比原來的網站、搜索和遊戲等多了一塊顯示幕而已。筆者是中國最早從事移動互聯網的專業人士，基於手機和個人電腦的本質區別在於手機的定位功能，筆者曾經預測未來殺手級應用一定和定位功能有關，而且不會是當時大家都能想到的找加油站、訂餐館這樣的「淺層定位應用」，也一定會產生新的巨頭。果不其然，出行類的應用成為移動互聯網的殺手級應用，創造出了 Uber、滴滴出行這樣的個人電腦互聯網巨頭之外的新的移動互聯網巨頭。

基於深度學習的 AI 本質

數據之間相關性的發現和記憶

　　讀過第三章的讀者能體會到神經網路最本質的特點是發現並記憶數據中的相關性。例如，看了很多汽車的圖片後就會發現汽車都有四個輪子。人的大腦對圖片這類直觀

的資料間的相關性也能發現一部分並記住，這就是默知識。但當資料量很大，又不直觀時，例如股票市場的資料、複雜系統（例如人體、核電站）內部的資料，人就不行了。而神經網路卻應付自如，一眼就能發現資料之間的關係並記住，這就是暗知識。下回再遇到類似的資料，馬上就能做出判斷。隨著神經網路的規模增大（神經元數目和神經元之間的連接數目），機器能夠處理人根本無法企及的大規模的複雜資料。

海量記憶基礎上的細微差別的識別

機器學習需要大量的資料，主要是讓機器「看到、記住」數據中呈現出的各種模式。有點像小孩玩萬花筒，資料就是裝入萬花筒中的彩色玻璃碎片，不停地轉動玻璃棱鏡就是不同的算法（對應神經網路中不同的連接）。一組有限的資料中埋藏著無數排列組合出來的圖樣。因為機器的記憶比人的記憶準確，而且量大，機器可以每秒轉幾億次萬花筒，很快就能看完並且記住所有的圖樣。所以機器學習可以發現資料中隱藏的所有細微區別。

基於以上原理，機器學習適合做極其複雜的決策，例如制定像健康保險這樣極其複雜的公共政策，策劃諸如第二次世界大戰諾曼地登陸戰這樣包含大量變數的軍事行動。

這兩個 AI 的本質其實也正是暗知識的兩個特點。基於以上兩個特點，我們看看未來會出現哪些遠超人類的顛覆

性的超級應用。

科研加速

一個科學研究的過程可以分為以下幾個步驟。

（1）提出問題或選擇要解決的問題。

（2）學習研究關於這個問題已經發表的研究文獻。

（3）根據研究文獻和研究者的經驗提出假設。

（4）設計驗證假設的實驗。

（5）進行實驗和整理實驗資料。

（6）根據實驗結果判斷假設是否成立。

（7）如果假設不成立，返回第（2）步或第（3）步，提出
　　　新的假設。

在這個流程中最花時間的有三個環節：研究文獻、做
實驗和整理資料。在這三個環節中，機器學習都可以部分
甚至全部取代人。獲取相關的文獻，閱讀、理解並總結已
經成為科研的瓶頸之一。根據渥太華大學的研究，自從
1965 年以來共有 5000 萬篇科學文章發表，現在每年新發表
的文章是 250 萬篇。關於某個能夠抑制癌細胞的蛋白質的
論文就達到 70000 篇。一個科學家即使一天讀 10 篇文獻，
每個工作日都讀，一年也只能讀 2500 篇，所以大部分的研
究結果都會被束之高閣。使用 AI 可以通過自然語言理解找
到相關的所有文獻。例如一個叫作 Iris（艾瑞斯）的 AI 軟
體可以這樣做科研：首先從一個關於這個研究題目的演講

AI 背後的暗知識

開始。這個演講通常是本領域的一位著名科學家做的幾十分鐘的概述性報告，例如 TED（美國著名講壇）大會的演講。Iris 先使用自然語言處理演算法分析演講的腳本，挖掘從開放管道獲取的學術文獻，查找到與講座內容相關的關鍵論文，然後將相關的研究論文分組並進行視覺化，Iris 目前可以達到 70% 的準確率，下一步是用人工協助標註文獻使機器匹配精度增加。當機器能夠理解文獻的內容和結構時，至少可以協助科學家總結出在一個科研領域中已經提出的問題，已經提出過的假設及其驗證，已經做過的實驗和結果。機器甚至能根據文章邏輯的一致性（consistency）對文章結果提出疑問。用機器閱讀文獻的一個重要作用是能夠對前人的工作一覽無餘，不至於做許多重複性的工作。

今天的科研越來越依賴於實驗，而實驗的準備、操作和資料整理經常耗時耗力。機器學習可以大大加快實驗進程。2001 年的諾貝爾物理獎頒發給了美國的埃里克·康奈爾（Eric Cornell）等三位實驗物理學家。他們的成果是用雷射器和磁場創造出了自然界不存在的物質的第四種狀態：玻色 - 玻色 – 愛因斯坦凝聚態。物質在自然界的三種狀態根據溫度不同分別是固態、液態和氣態。當溫度降低至非常接近絕對零度時（實驗上永遠無法達到絕對零度），物質就會進入凝聚態（一種氣態的、超流性的物質狀態）。凝聚態物質有很多特性，例如對地球磁極和引力場極為敏感，光線在該物質中會延遲，等等。基於印度科學家玻色的計算，愛因斯坦於 1924 年預測了這種物質的存在以後，科學

家一直想在實驗室驗證出來。1995 年，這三位科學家經過多年的實驗，用一套非常複雜的實驗裝置終於製造出了物質的凝聚態。圖 6.1 是這個實驗的示意圖，透鏡內有一小塊物質，透鏡外有許多雷射光束。雷射打在物質上可以約束物質內分子的運動，從而降低物質的溫度。圖 6.2 是實驗設備的核心部分，圖 6.3 是實驗設備的全貌。可以看出，這套實驗裝置非常複雜，可以設置的參數非常多，如果每一種參數的排列組合都去試，到宇宙終結可能都試不出來。而人有許多直覺可以大大加快實驗。獲獎的三位物理學家摸索了很多年才終於造出了凝聚態。2016 年 5 月 17 日，來自澳大利亞新南威爾斯大學和澳大利亞國立大學的研究團隊使用機器學習從頭開始操作這樣的實驗（反復設置調整實驗設備的各種參數直到產生凝聚態物質），機器學習竟然不到一個小時就成功製造出了這種凝聚態物質。該團隊希望通過進一步借助 AI 以更快的速度構建更大的這類物質。

科學實驗的第三個環節是收集整理資料，這更是 AI 的優勢。其實在科學界目前還有一個瓶頸就是研究論文的審

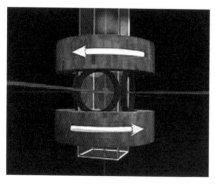

圖 6.1
凝聚態設備示意圖：不同方向的雷射光束約束分子運動造成凝聚態物質（腔體內）
圖片來源：
https://plato.stanford.edu/entries/physics-experiment。

圖 6.2 凝聚態實驗設備的核心部分
圖片來源：https://plato.stanford.edu/entries/physics-experiment。

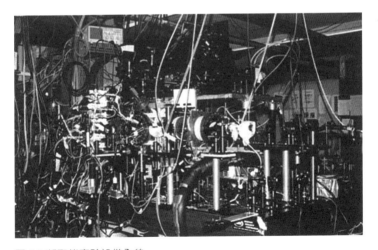

圖 6.3 凝聚態實驗設備全貌
圖片來源：https://plato.stanford.edu/entries/physics-experiment。

核，要發表的論文太多，能有水準和時間對其進行審核的人太少。機器學習可以大大加快這個過程，例如可以檢查該論文是否抄襲或者和已經發表的結果有衝突等。

科學研究中最難被機器取代的是提出假設，但是 IBM 的一個團隊宣稱他們的系統可以做到。也就是說，他們的 AI 可以通過挖掘學術文獻自動產生科學假設。而且，宣稱他們的演算法可以用來做出新的科學發現。他們的目標是將文本挖掘與視覺化和分析結合起來，以便識別事實，並提出「新的、有趣的、可以測試的、可能是真實的」假設。

人類過去 500 年來的進步主要依靠科學技術的進步，而且這種進步還在加速。隨著 AI 的發展，科學發現可能會加速，這意味著技術進步會進一步加快，反過來又會加快科學的進步。例如量子計算依賴於材料科學的進展，一旦量子計算取得突破，計算能力就可能比現在提高幾個數量級，AI 能力的提高又會進一步加快科學進展和加速實驗速度，如此循環下去。

另外一個加速是用 AI 改進 AI。谷歌和 Facebook 都開始研究自動機器學習，通過強化學習的模型，讓機器不僅不斷地調整參數，而且能夠選擇不同的神經網路模型。在很多情況下自我學習的性能都可以和人設計出來的性能相比，機器有時還會選擇人類想不到的模型，甚至有人開始探索如何在機器學習裡模仿人類的想像和創新。2017 年底，谷歌推出由 AI 自主「孕育」出的「子 AI」，該「子 AI」被取名為「NASNet」，研究人員在 ImageNet 圖像分類和

COCO 目標識別兩個資料集上，對 NASNet 進行了測試，在驗證集上的預測準確率達到了 82.7%，比之前公佈的人工智慧產品的結果好 1.2%，效率也提高了 4%。目前這些研究還處在早期階段。一旦這類迴圈加速技術成熟，就會使技術迅速達到一個新的高度。

科學的本質是受控實驗。人類通過控制一組變數（例如物理實驗中的物體位置和受力等，化學實驗的溫度和壓力等）來測量另外一些變數（例如物理實驗中物體的速度，化學實驗中的氣體體積）的變化。科學定律就是可控變數和測量變數之間的關係。當人類完全掌握了某一類關係後，就可以通過製造儀器把原來的測量變數變為可控變數，用增大的可控變數集再來繼續發現它們和新的測量變數的關係，這就是科學進步的本質，所以儀器就是某一類科學定律的物化。科學的進展完全依賴于能否完全掌握某個科學定律並且把該定律變成儀器。所以科學的進展可以分為三個步驟。

（1）提出假設：某一組可控變數和另一組可測量變數可能的關係。

（2）設計實驗：驗證可控變數和可測變數之間的關係。

（3）如果實驗不能驗證，就重新回到步驟（1）。如果能夠驗證，就把驗證過的關係製造成儀器，使原來的可測變數變為可控變數。然後回到步驟（1）。

機器學習在每個步驟中都能加快速度。在步驟（1），機器學習可以通過閱讀歷史文獻提出大量可能的組合。雖

然在大量的備選假設中最終還要科學家定奪為哪個做實驗，但機器可以幫助科學家想得更全面。在步驟（2）最花時間的是改變可控變數的值來測量可測變數，這正是機器的拿手好戲。在收集、整理、分析資料方面機器比人要快，也更準確。在步驟（3）製造儀器方面又分為設計、實驗和製造三個步驟，機器學習在實驗和製造上都能加快速度。可以想像在不久的將來會出現「機器人研究生」，人類科學家給機器一個大致的研究方向，當機器遇到困難時請教一下導師，剩下的大部分研究工作就是機器自己做了。它們不知疲倦，7×24 小時做研究，閱讀速度是人類研究生的一億倍，測量分析資料速度是人類研究生的一萬倍。只要有電力和算力，世界上可以有幾十億個這樣的「研究生」在研究人類關心的各種課題。

唐詩高手

機器學習不僅在科學技術的進步上大顯神威，而且也開始進入人文領域。下面的四首律詩中有兩首是人寫的，兩首是機器寫的。

雲峰白雲生處起高峰，鬼斧神工造化成。古往今來誰可上，九重宮闕握權衡。

雲峰
白雲深處起高峰，鬼斧神工造化成，古往今來誰

可上，九重宮闕握權衡。

畫松
孤耐淩節護，根枝木落無。寒花影裡月，獨照一
燈枯。

悲秋
幽徑重尋黯碧苔，倚扉猶似待君來。此生永失天
臺路，老鳳秋梧各自哀。

春雪
飛花輕灑雪欺紅，雨後春風細柳工。一夜東君無
限恨，不知何處覓青松。

在告訴讀者答案之前，先看看機器寫詩的原理。把機
器寫詩的原理講得最清楚的莫過於《紅樓夢》裡的林黛玉。
在《紅樓夢》第四十八回中，被薛寶釵帶進大觀園的姑娘
香菱讓黛玉教她寫詩：

黛玉道：「什麼難事，也值得去學？不過是起、
承、轉、合，當中承、轉，是兩付對子，平聲的
對仄聲，虛的對實的，實的對虛的。若是果有了
奇句，連平仄虛實不對都使得的。」香菱笑道：
「怪道我常弄本舊詩，偷空兒看一兩首，又有對

得極工的，又有不對的。又聽見說：『一三五不論，二四六分明。』看古人的詩上，亦有順的，亦有二四六上錯了的，所以天天疑惑。如今聽你一說，原來這些規矩，竟是沒事的，只要詞句新奇為上。」黛玉道：「正是這個道理。詞句究竟還是末事，第一是立意要緊。若意趣真了，連詞句不用修飾，自是好的：這叫做『不以詞害意』。」香菱道：「我只愛陸放翁詩『重簾不捲留香久，古硯微凹聚墨多』。說的真切有趣。」黛玉道：「斷不可看這樣的詩。你們因不知詩，所以見了這淺近的就愛；一入了這個格局，再學不出來的。你只聽我說，你若真心要學，我這裏有『王摩詰全集』，你且把他的五言律一百首細心揣摩透熟了，然後再讀一百二十首老杜七言律，次之李青蓮的七言絕句讀一二百首；肚子裏先有了這三個人做了底子，然後再把陶淵明、應、劉、謝、阮、庾、鮑等人的一看，你又是這樣一個極聰明伶俐的人，不用一年工夫，不愁不是詩翁。」

黛玉說的第一件事是格律，押韻合轍，平仄對仗。這是律詩的基本規則，屬於作詩的明知識。而詞語之間的相關性，也即一個詞出現在另一個詞後面的概率，對詩人來說則是默知識。學習這些默知識是機器最擅長的，機器通過大量的閱讀，對每個詞後面出現什麼詞都有了「感覺」。

黛玉説的第二件事是訓練集要大，要多樣化。陸游一生寫了萬餘首詩，但一個詩人畢竟有局限性，例如陸遊的詩題材單調，意境空疏。如果香菱只學陸遊的詩就會像黛玉説的那樣「一入了這個格局，再學不出來的」，這就是機器學習裡面當訓練資料集太小時出現的「過度擬合」問題。所以黛玉讓香菱學王維、杜甫、李白等不同風格的詩人，王維的空靈幽遠，杜甫的悲天憫人，李白的瀟灑豪放，都會避免「過度擬合」，多種風格的混合才能出新意。

機器作詩的原理和人學作詩類似，本質上也是模式識別，通過大量學習識別然後記憶平仄、對仗、押韻、詞句的常見組合，即一個詞出現在另一個詞後面的概率。詩歌是文字的一部分，是一個前後有相關性的序列資料流程，第三章裡提到過，RNN 最適合序列資料處理。產生詩歌的方式有兩種。第一種方式是將詩歌的整體內容作為訓練語料送給 RNN 語言模型進行訓練。訓練完成後，先給定一些初始內容，然後就可以按照語言模型輸出的概率分佈進行採樣得到下一個詞，不斷地重複這個過程就產生完整的詩歌。具體步驟如下：首先由使用者給定的關鍵字生成第一句，然後由第一句話生成第二句話，由第一句話和第二句話生成第三句話，重複這個過程，直到詩歌全部生成。該模型由三部分組成。

（1）卷積語句模型（Convolutional Sequence Model，CSM）：這個卷積模型用於獲取一句話的向量表示。

（2）復發上下文模型（Recurrent Context Model，

RCM）：句子級別的 RNN，根據歷史生成句子的向量，輸出下一個要生成句子的上下文向量。

（3）復發生成模型（Recurrent Generative Model，RGM）：字元級別的 RNN，根據 RCM 輸出的上下文向量和該句之前已經生成的字元，輸出下一個字元的概率分佈。解碼的時候根據 RGM 模型輸出的概率和語言模型概率加權以後，生成下一句詩歌，由人工規則保證押韻。

第二種思路是把寫詩看成一個翻譯過程。將上一句看成源語言，把下一句看成目的語言，用機器翻譯模型進行翻譯，並加上平仄押韻等約束，得到下一句。通過不斷地重複這個過程，得到一首完整的詩歌。

現在到了揭開謎底的時候：第二首和第四首詩是機器寫的，仔細看還是能看出來。一首好詩首先是要語句自然流暢，意境渾然天成。第二首的第一句「孤耐淩節護」根本不知所云。除了句子不通順，兩首機器寫的詩還很難讓讀者有畫面感。一首好詩重要的是意境，正如黛玉所說：「詞句究竟還是末事，第一立意要緊。若意趣真了，連詞句不用修飾，自是好的，這叫作不以詞害意」。目前機器寫詩像一個缺乏天資的但極為刻苦的詩歌愛好者，怎麼做都無法有「意境」。能夠打動人的好詩需要「觸景生情」，並且能引起讀者的共鳴。這更是目前機器學習還無法企及的境界。最絕妙的詩歌除了以上幾點，還要能出奇出新，打破常規，使用從來未使用過的詞句組合但又合情合理。正如黛玉在進一步提點香菱時所說：

「可領略了些滋味沒有？」香菱笑道：「領略了些滋味，不知可是不是，說與你聽聽。」黛玉笑道：「正要講究討論，方能長進。你且說來我聽。」香菱笑道：「據我看來，詩的好處，有口裏說不出來的意思，想去卻是逼真的。有似乎無理的，想去竟是有理有情的。」黛玉笑道：「這話有了些意思，但不知你從何處見得？」香菱笑道：「我看他《塞上》一首，那一聯云：『大漠孤煙直，長河落日圓。』想來煙如何直？日自然是圓的：這『直』字似無理，『圓』字似太俗。合上書一想，倒像是見了這景的。若說再找兩個字換這兩個，竟再找不出兩個字來。再還有：『日落江湖白，潮來天地青』：這『白』『青』兩個字也似無理。想來，必得這兩個字才形容得盡，念在嘴裏，倒像有幾千斤重的一個橄欖。還有『渡頭餘落日，墟裏上孤煙』：這『餘』字和『上』字，難為他怎麼想來！我們那年上京來，那日下晚便灣住船，岸上又沒有人，只有幾棵樹，遠遠的幾家人家作晚飯，那個煙竟是碧青，連雲直上。誰知我昨日晚上讀了這兩句，倒像我又到了那個地方去了。」

上面香菱喜歡的這些詩句都超越了技巧層面，進入靈感和畫面的幽微層面。這些都不是今天以學習資料之間相關性為特徵的機器學習所能企及的。所以真正的詩人完全

不必擔心被 AI 取代，但那些無病呻吟，鸚鵡學舌或天資平平的詩歌愛好者只能和機器詩人去 PK 了。

同樣的道理，AI 還可以寫小說。只要讓機器大量閱讀一位作者的著作，機器就能學會這個作者的文字風格。和作詩、畫畫一樣，如果讓機器閱讀了許多作家的書，機器的寫作風格就是「混搭」的。和作詩一樣，機器寫的小說可能情節完整，文字通暢，但永遠不會有偉大作家筆下流淌的情感和閃爍的靈魂。

有讀者一定會問，這些「靈感」和「意境」是否也是一種默知識，甚至暗知識？當機器更複雜時是否終將能模仿？這個問題並不容易回答。但暫時的回答是「不能」，原因是今天的機器沒有自我意識，所以沒有情感。我們在本書的最後會討論這個問題。

真假梵谷

同樣的原理，機器在看過大量的繪畫作品後也能夠模仿畫家的風格。圖 6.4 是一張典型的北歐城市圖片。

機器可以把這張圖片改造成梵谷的風格。圖 6.5 左邊是梵谷的名畫《星空》，右邊就是北歐城市圖片的「星空化」。

機器當然也可以把這張圖片「馬諦斯化」，圖 6.6 中左邊是馬諦斯的名畫《戴帽子的女士》，右邊還是那張北歐城市圖。

從這兩張改造的畫來看，機器的模仿可以說是惟妙惟

圖 6.4 一張典型的北歐城市圖片
圖片來源：https://www.businessinsider.com.au/the-science-how-vincent-van-gogh-saw-the-world-2015-9。

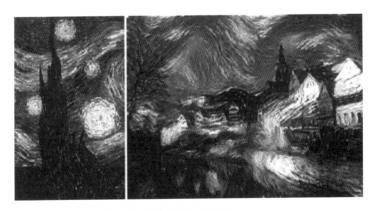

圖 6.5 用梵谷名畫《星空》風格畫的北歐城市
圖片來源：LeonGatsyofBethgeLabinGermanyhttps://www.businessinsider.com.au/the-science-how-vincent-van-gogh-saw-the-world-2015-9。

圖 6.6 用馬諦斯風格畫的北歐城市
圖片來源：LeonGatsyofBethgeLabinGermanyhttps://www.
businessinsider.com.au/the-science-how-vincent-van-gogh-saw-the-
world-2015-9。

圖 6.7 創意對抗網路生成的圖畫
圖片來源：羅格斯大學電腦系藝術與人工智慧實驗室。

肖，其中色彩、筆觸、線條的模仿是人類無法企及的。這種模仿是典型的默知識，從這個例子可以看出機器對默知識的掌握比人類要精細得多。

AI 不僅會模仿，而且會創造自己的風格。圖 6.7 是來自羅格斯大學電腦系藝術與人工智慧實驗室、Facebook 人工智慧研究院（FAIR）、查爾斯頓學院藝術史系三方聯合小組用機器生成的繪畫。該研究小組在論文中稱，該研究中提出的人工智慧系統是一個創意性的對抗網路（Creative Adversarial Network，CAN），它是在之前介紹過的生成式對抗性網路系統的一種擴展。

生成對抗網路能夠反覆運算進化、模仿指定資料特徵，已經是公認的處理圖像生成問題的好方法。自從提出以來相關的研究成果不少，在圖像增強、超解析度、風格轉換任務中的效果可謂是驚人的。根據生成對抗網路的基本結構，鑑別器要判斷生成器生成的圖像是否和其他已經提供給鑑別器的圖像是同一個類別（特徵相符），這就決定了最好的情況下輸出的圖像也只能是對現有作品的模仿。如果有創新，就會被鑑別器識別出來，就達不到目標了。因此用生成對抗網路生成的藝術作品也就註定會缺乏實質性的創新，藝術價值有限。圖 6.8 是用生成對抗網路模型實現的圖像解析度增強和風格轉換。

為了使藝術品更具有創造性，該研究團隊在生成對抗網路的基礎上提出了創意對抗性網路，研究團隊通過 15—

超分辨率　　　　　　　　　　　風格轉換

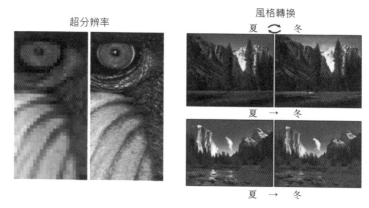

圖 6.8 用生成對抗網路模型實現的圖像解析度增強和風格轉換
圖片來源：羅格斯大學電腦系藝術與人工智慧實驗室。

圖 6.9 由創意對抗網路生成的圖畫
圖片來源：羅格斯大學電腦系藝術與人工智慧實驗室。

20 世紀 1119 位藝術家的 81449 幅涵蓋了多種風格的繪畫作品訓練神經網路。然後邀請人類參與者評估人工智慧的藝術作品與現實藝術家的兩組作品。這兩組作品是創造於 1945—2007 年的抽象表現派作品，以及 2017 年巴塞爾藝術博覽會作品。圖 6.9 上面的 12 張是由創意對抗網路生成的人類評價最高的畫，下面 8 張是評價最低的畫。圖 6.10 就是歷年巴塞爾藝術博覽會的獲獎作品。

可以看到，機器生成的藝術作品風格非常多樣，從簡單的抽象畫到複雜的線條組合都有，內容層次也有區分。而研究人員也發現它們的系統可以欺騙人類觀察員。將人類觀察藝術家創作的作品和機器創作的作品時的反應進行對比，發現人類無法將機器生成的作品和當代藝術家以及一家頂級藝術博覽會上的作品區分開來。

創意性對抗網路是如何工作的呢？與生成對抗網路系統一樣，創意性對抗網路也使用兩個子網路。鑑別器被賦

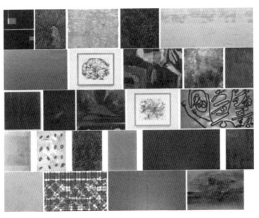

圖 6.10
歷年巴塞爾博覽會的獲獎作品
圖片來源：
羅格斯大學電腦系藝術與人工智慧實驗室。

予了一套有風格標籤的海量藝術作品，例如文藝復興時期、巴洛克風格、印象主義或表現主義，而生成器則無法獲得任何藝術作品。當它生成一個作品時，它會從鑑別器接收兩個訊號：一個是將圖像分類為「藝術或非藝術」，另一個是「能否分辨圖像是哪種藝術風格」。

「藝術或非藝術」與「能否分辨藝術風格」是兩種對立的訊號，前一種訊號會迫使生成器生成能夠被看作是藝術的圖像，但是假如它在現有的藝術風格範疇中就達到了這個目標，鑑別器就能夠分辨出圖像的藝術風格了，然後生成器就會受到懲罰。這樣後一種訊號就會讓生成器生成難以分辨風格的作品。所以兩種訊號可以共同作用，讓生成器能夠盡可能探索整個創意空間中藝術作品的範圍邊界，同時最大化生成的作品盡可能游離於現有的標準藝術風格之外。

這種「創作」在本質上是非常隱蔽的一種「混搭」，和作詩一樣，普通人很難分辨真偽。判斷詩還可以用「意境」「畫面感」，而判斷畫，特別是抽象畫幾乎沒有人類可以依賴的直覺。所以和作詩機器人不同，這裡的作畫機器人掌握的不只是默知識，而且進入了暗知識的領地。所以由對抗生成網路這種機器「混搭」並反覆運算出來的畫的確可以亂「真」。這樣的機器可以在短期內大量探索不同的風格，讓藝術家選擇或給藝術家以靈感。

基於類似的原理，AI 作曲也到了幾乎可以亂真的地步。AI 作曲領域的領先公司 Aiva Technologies 創造了一個 AI 作

曲家 Aiva（Artificial Intelligence Virtual Artist，人工智慧虛擬藝術家），並教它如何創作古典音樂。而古典音樂一直以來被視為一種高級的情感藝術，一種獨特的人類品質。Aiva Technologies 已經發佈了第一張專輯，名為 Genesis，專輯包含不少單曲。並且 Aiva 的音樂作品能夠用在電影、廣告，甚至是遊戲的配樂裡。2017 年初，Aiva 通過法國和盧森堡作者權利協會（SACEM）合法註冊，成為人工智慧領域第一個正式獲得世界地位的作曲家，其所有的作品都以自己的署名擁有版權。

　　Aiva 背後使用了強化學習技術的深度學習演算法。強化學習告訴軟體系統接下來要採取什麼動作以通過最大化其「累積獎勵」來達到某種目標。強化學習不需要標註過的輸入和輸出數據，AI 可以通過資料自行改進性能，這使 AI 更容易捕獲在創意藝術如音樂中的多樣性和變化。Aiva 就是通過品讀巴哈、貝多芬、莫札特等最著名的作曲家的古典樂章的大資料庫來瞭解音樂作品的藝術性，自行譜寫出了一些新的樂曲。

下一場空戰

　　美國軍方曾經公佈了一段無人機打擊塔利班武裝分子的影片。在內華達州戈壁灘的空調機房中，幾個年輕軍人坐在影片終端前面，操縱著半個地球之外的阿富汗山區的無人機，當影片上準確鎖定地面的車輛目標後，操作員就

像打電腦遊戲一樣按下把手上的按鈕，塔利班的軍車頓時起火，沒死的塔利班武裝分子跳下卡車四處逃命。在夜視儀下，這些逃命的塔利班武裝分子像在白晝一樣看得清楚，操作員一一鎖定他們，按下按鈕，目標變成一團火海。這裡的操作無非是辨別和鎖定目標，具有人工智慧的機器已經遠遠超出人類。內華達機房的操作員完全可以被取代，一切由機器完成。

美國空軍開發的一款叫作 ALPHA 的自動飛行軟體，不僅在每一場和真人的對決中都打敗了空軍飛行教練員，甚至該軟體在駕駛一架比對手飛行速度慢，導彈射程短的飛機時也能打敗對手。飛機的自動駕駛其實比汽車自動駕駛更適合機器操作。第一，飛行員的大量訓練時間是學會讀懂駕駛艙內琳琅滿目的儀錶和通過各種儀錶資料判斷該如何操作，這正是機器學習的拿手好戲。第二，空中飛行的周邊環境遠遠比地面駕駛簡單。同時，飛機上的各種感測器可以準確地感知飛機的空間座標、高度、速度、平衡、風力、溫度等，在這種情況下的駕駛非常適合機器。雖然空戰中的周邊環境瞬息萬變，但仍然不會像地面一樣擁擠。第三，也是最重要的一點，反應快。人類從大腦判斷到肌肉動作至少要 0.1~0.3 秒的時間，而機器可以在百萬分之一秒內完成。目前的飛機和武器系統的反應時間都以人類反應時間為下限，因為武器反應再快人跟不上也沒用。但未來的飛機和武器設計就是要能夠達到機械反應速度的極限，因為作為操控員的人工智慧的反應時間主要是計算時間，

將遠短於武器的機械反應時間。幾乎可以預計下一代軍用飛機將以自動和自主性操控為主，一架人類駕駛的飛機一定打不過機器操縱的飛機。

目前無人機已經廣泛使用在反恐和局部偵察與戰鬥中，但這只是序曲。以人工智慧為核心能力的新型武器必將成為下一輪軍備競賽的主要目標。人工智慧對未來軍事和戰爭的影響將主要體現在以下方面。

新型自主性武器的開發

最早的自動化的武器就是導彈，但我們通常並不把導彈稱為人工智慧武器。這裡的區別在於是自動化（automated）還是自主化（autonomous）。自動化是確定性地輸入感知訊號產生確定性的輸出反應，而自主化是不確定性地輸入感知訊號產生一定概率分佈的輸出反應訊號，甚至是一個從未見過的輸入，通過推理、常識和經驗產生一個最佳的輸出。五角大廈國防科學委員會在 2016 年發佈的一份報告是這樣描述的：「要實現自主，一個系統必須具備基於其對世界、自身和形勢的認識與理解，獨立構建和選擇不同的行動路線以便實現其目標的能力」。一個預先設定了打擊目標的導彈是自動化武器，一個放飛到塔利班巢穴上空的會隨機應變的捕食者無人機是自主性武器。未來自主性武器將率先在各類飛行器上全面普及，進而開始應用于水上和水下，包括水面艦船與潛艇以及各種

機器魚。最後是陸地，包括車輛、坦克和各種機器人，騾、狗、蛇等。目前，以色列已經部署了一種自主的防輻射無人機 Harop，可以飛行長達 6 個小時，只在敵人防空雷達亮起的時候進行攻擊。俄羅斯武器生產公司 Kalashnikov 已經製造出了一把全自動 AK-47 步槍，通過使用 AI 確定目標瞄準射擊，而該武器準備向俄羅斯軍方供應。

電池容量是野戰機器人的瓶頸

大型自主性武器的能源主要還是熱能量密度高的石化燃料。但是內燃機的傳動遠不如電力靈活方便，一個四旋翼的無人機要用內燃機驅動傳動部分會非常複雜。所以很多小的自主性武器例如無人機，機器人、騾、狗、蛇等最理想的動力來源是電池驅動，但是以目前的鋰電池容量密度（約 300 瓦時／千克）和每年的改進程度（約 5%），在短期內很難有能夠支持機器運行長達一天的電池，在野外充電和換電池也都是很大的問題。除了鋰電池，目前另一個比較有希望的是氫燃料電池，與鋰電池相比，其優勢是充電快（幾分鐘而不是幾個小時），單位體積或重量的能量密度也更高，所以未來軍用電池很可能以氫燃料電池為主。

軍用技術將落後於民用技術

人工智慧和電子、資訊產業類似，由於該技術在民生

中的巨大商業前景，民用和商用對該技術的總投入要大於軍事上的投入。民用和商用通過市場競爭機制也會吸引人工智慧方面一流的人才（如創業的回報巨大）。由於開放性的學術交流和開源軟體，民用技術將進展神速，巨大的商業前景也會造成空前激烈的市場競爭。這一切都會推動人工智慧在民用和商用方面快速進展。而軍用技術的發展則會落後於民用技術，許多軍用技術研發最便宜的方法都是依託在民用技術之上。

大規模協同作戰的演進

　　一場戰役的規模常常受資訊獲取和傳導的限制。在今天有了鋪蓋天地的無線通訊後，人類接收資訊的速度和反應時間又進一步成了瓶頸。當資訊接收和反應都由機器接管後，一次戰鬥和戰役的規模可以大大增加。如果都是機器之間互相協調，那麼幾百萬台機器可以瞬間協同行動。最近美國國防部新型武器研發部公佈了一段幾百台微型無人機「群舞」的影片。當戰鬥機在沙漠中撒下幾百台無人機後，這些無人機會自動組成飛行隊形對一大片地形實施偵察，還可以隨時改變隊形。當個別無人機離隊時，隊形會自動調整，當離隊的無人機回到群體後，隊形又會自動改變。5G 通信網路的到來也將加速機器協同的進程。5G 的高頻寬、低功耗、低時延的特點能夠保證更多的機器以更少的耗電量，做出更為敏捷的協作。2018 年韓國平昌冬奧

圖 6.11 在韓國平昌冬奧會上 1218 架無人機組成的奧運五環
圖片來源：https://zhuanlan.zhihu.com/p/33766210。

會，在 5G 試驗網路的支援下，英特爾公司用 1218 架無人
機組成了奧運五環、運動員、和平鴿等圖案進行燈光秀表
演，刷新了「同時放飛數量最多的無人機」的金氏世界紀
錄。

軍事組織的混成化、單官化和扁平化

軍隊之所以分為不同的兵種，主要原因是武器的使用
和場景不同，一個人很難成為多面手，分工有利於提高掌
握該武器的技能。但當武器自身越來越自動化和自主化時，
分工的必要性就降低了，混合使用武器的好處越來越明顯。
所以今後的戰爭可能不再是陸軍和陸軍打，空軍和空軍打，

海軍和海軍打，而是所有的軍種一起打。軍種之間的界限會越來越模糊，甚至會取消現有的軍種。由於未來戰爭前端主要是自動化和自主化武器在拼搏，所以需要的血肉之軀會越來越少，一個人可以協調操控大批自主化武器。作為傳統的作戰第一線的「士兵」將消失，每個作戰人員都是一個指揮官，所以未來的趨勢不是「單兵化」而是「單官化」。軍隊有最嚴格的層級結構。傳統軍事對個人依賴很小，制勝的保障是一個巨大團體的協調行動。層級結構能保障命令和資訊在巨大人群中最快地傳遞和嚴格地執行。由於戰鬥人群規模的縮小和個體（單官）能力大大增加，所以未來軍隊將像今天的高科技公司一樣越來越重視個體能力和能動性。這一切都會導致未來的軍隊組織越來越扁平化。

軍事組織從以武器為中心轉向以數據為中心

軍事組織的結構取決於什麼樣的結構最能打勝仗。傳統軍事組織圍繞武器組織、物流組織，新軍事組織將圍繞數據組織。未來戰爭的前端主要是鋼鐵機器，後端則是大量人和計算能力負責資訊收集與處理。由於資料的複雜性，組織將劃分為數據收集、存儲、處理、決策。每一種武器及其行動軌跡和效果，對後臺軍事人員來說就是一組資料。飛機和艦船沒有任何區別。未來的後勤能力主要是對機器的能源進行供給和補充。

戰役的機器參謀部

指揮像諾曼地登陸這樣的大型戰役要處理的資訊無窮多，同時要面對各方面的不確定性，即使一個天才軍事指揮官也不可能處理如此巨量的資訊，所以在傳統戰爭中偶然性巨大。在未來戰爭中，一場戰役已經在電腦中類比了許多遍。變數越多，不確定性越強，機器學習演算法就越得心應手。當然最後還是要指揮官做決定，但傳統的參謀部的工作許多會被機器取代。正如機器能贏得了圍棋世界冠軍，誰的機器參謀部演算法更聰明，誰贏得戰爭的機會就大。

未來最大的挑戰不僅是誰能開發出最先進的人工智慧武器，也是誰能通過實戰資料的快速反覆運算訓練出最佳模型，更是誰能最先在實戰中演化出最佳的人機混成。而且這種混成比例和結構會隨著機器能力的提高一直改變。人工智慧將再一次改變戰爭的形態，這個新形態不以消滅肉體為主，而是以機器之間的搏鬥為主，這對人類來說越來越像一場狂熱的足球賽。和體育比賽不同的是只要機器人敗了，活人就乖乖投降。

AI 武器的倫理

目前國際法對人工智慧武器沒有任何具體規定，國際社會也沒有明確支援限制或禁止此類武器系統的條約。學

界對此也爭議不斷，許多重量級科學家反對人工智慧武器化。2015 年，包括馬斯克和霍金在內的 1000 多名人工智慧專家簽署了一封公開信，呼籲禁止自主化武器，他們甚至稱完全人工智慧的發展可能招致人類歷史的終結。2018年谷歌公司僅僅因為向美國軍方的一個項目 Maven 提供了TensorFlow 的介面，就有近 4000 名谷歌員工聯合簽名請願公司不要和軍方合作，因為這個專案的目標是為軍方提供先進的電腦視覺，能夠自動檢測和識別無人攝影機捕獲的38 種物體，甚至有十幾名員工因此要辭職。國際機器

人武器控制委員會（ICRAC）也發佈一封聯名公開信，超過 300 位元人工智慧、倫理學和電腦科學的學者公開呼籲谷歌結束該項目的工作，並支援禁止自主武器系統的國際條約。

自主化武器很可能加劇全球軍備競賽。2016 年美國國防部發表新報告表示，美國需要「立即採取行動」加速 AI戰爭科技的開發工作，未來 AI 戰爭不可避免，建議五角大樓在這方面加強發展，否則會被潛在的敵人超越。2017年7 月，中國推出了《新一代人工智慧發展規劃》，該規劃將人工智慧指定為未來經濟和軍事力量的轉型技術。它的目標是，到 2030 年，中國將利用「軍民融合」戰略成為人工智慧領域的卓越力量。2017 年 9 月，普京對剛開學的俄羅斯孩子說：「人工智慧就是未來，不僅對俄羅斯而言，更是對整個的人類社會。誰成為這個領域的領導者，誰就將成為世界的統治者」。馬斯克在推特上回應道：「在國家

層面上人工智慧優勢的競爭是最可能導致第三次世界大戰的原因」。這種軍備競賽可能會使國際局面特別不穩定，除了幾個超級大國，其他國家也會效仿。

人工智慧很可能將加速全球軍事力量不對等和戰爭的發生。擁有人工智慧技術、戰爭經歷和戰爭資料的國家能夠讓自主化武器反覆運算速度更快。目前，美國、俄羅斯、以色列等國家擁有較多戰爭的文字、影片記錄。通過監控恐怖組織、社交媒體、其他國家行動的資料，並把這些資料餵給人工智慧讓它們快速升級。另外，自主化武器更易流通和被濫用，或被其他國家和恐怖分子獲得。即使達成了禁止軍事機器人的協議，自主化武器技術也非常易於轉讓，並普及開來。另外，因為該類武器能夠將人員傷亡降到最低，所以政客發動戰爭的阻礙因素又減少了一項，畢竟美國等地民眾對戰爭造成士兵犧牲的抗議比戰爭花費更讓政府頭疼。

自主化武器失控和錯判的風險將一直存在，比如軟體代碼錯誤，或者受到網路攻擊。這可能導致機器失靈或攻擊自己人，或由於系統升級太快，人類夥伴無法及時回應。很難對自動化武器的可靠性進行測試，會思考的機器的行事方式也可能會超出人類控制者的想像。無論是在人機交互的迴路之內（人類不間斷監控操作，並保有關鍵決策的負責人），還是在迴路之上（人類監督機器，並可以在任務的任何階段干預機器）或者跳出迴路（機器執行任務時沒有人員干預），人們應該如何與不同程度的自主機器交互仍

然有待研究。西方軍事機構堅持認為，人類必須始終處於人機交互的迴路之中。但是看到了完全自主系統所帶來的軍事優勢，不是每個國家都會這麼審慎。

群體學習和光速分享

　　一個很有意思的例子是谷歌關於機械手臂學習的實驗。如圖 6.12 所示，在盤子裡放一些各種形狀的物體，預先沒有任何程式設計指令，讓機械手臂通過上方的監控攝影機自己摸索著把每個物體從盤子裡拿出來。可以想像，這個學習過程需要很長時間，因為一開始機械手臂在空中亂抓，直到矇對了一個的時候它才能找對地方，然後又要學會抓取不同形狀的物體。更複雜的是一個物體緊挨著另一個物體，機械手必須學會先把旁邊的物體挪開。這台機器學習大約需要 80 萬次的摸索，如果每 10 秒抓取一次，那麼一台機器要 24 小時不停地學習 100 天。

　　但當谷歌讓 14 台機器一起學習的時候，學習的時間就縮短到了 100/14=7 天。這 14 台機器都互相聯網，當一台機器找對地方或學會了一個技能時，其他所有的機器瞬間都學會了。這種機器之間的交流不僅是無障礙的而且是以光速進行的。

　　人類的知識傳播阻力重重，有成本問題，有利益問題，還有學習者的接受能力問題。未來機器之間的群體學習、無私共用和光速傳播一定會帶來不可思議的奇蹟。我們今

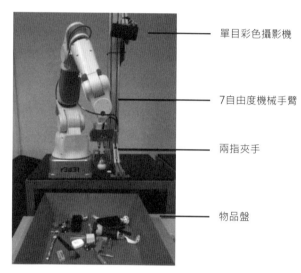

單目彩色攝影機

7自由度機械手臂

兩指夾手

物品盤

圖 6.12 機械手學習從盤子中抓取不同的物體
圖片來源：https://spectrum.ieee.org/automaton/robotics/artificial-intelligence/google-large-scale-robotic-grasping-project。

圖 6.13 谷歌的 14 台互相聯網的機械手臂同時學習抓取物體
圖片來源：https://spectrum.ieee.org/automaton/robotics/artificial-intelligence/google-large-scale-robotic-grasping-project。

AI 背後的暗知識

天可以想像的奇蹟有以下幾方面。

（1）機器可以在極短的時間內掌握極難的技能。例如駕駛飛機通常需要幾百小時的飛行訓練，戰鬥機需要更長的時間，如果是 1 萬個機器模型用不同的資料一起學習，可能一秒就能達到王牌飛行員的水準。

（2）數年內讓幾千萬人失業。目前矽谷 Vicarious 公司在開發機械手的通用軟體，可以安裝在任何類型的機械手臂上來取代目前各種加工、篩選、檢測、物流中的人力。一旦這種類型的軟體成熟，取代人工的成本就是一些塑膠和齒輪加上幾個晶片。

（3）超級規模的協同行動。協調人類的大規模行動很難，例如讓分佈在世界各個國家的 100 萬人在同一個時間唱同一首歌就是一個幾乎無法完成的任務，但是讓 100 萬台機器同時跳一支舞卻很容易。人類最大規模的協同行動通常是戰爭，未來的戰爭可能是天空中突然出現幾萬架無人機，戰鬥在幾秒內結束。

（4）通用機器人智力增長驚人。如果未來能夠有通用機器人，讓散佈在世界各地的從事各種工作的機器人的大腦相互聯結，你就會驚奇地發現它們每分鐘都在學會新的東西。從新生兒到成人的幾十年的學習會壓縮到幾分鐘甚至幾秒。一台新機器人剛接通電源就會變成讀過萬卷書、行過萬里路的「老江湖」。

人類哪裡比機器強

看完上面的討論讀者可能非常鬱悶，難道我們人類就沒有比機器強的地方了嗎？撇開情感，如果只討論智力和智慧，人比機器強在哪裡？這個問題要分成兩個部分來談，一是目前人比機器強在哪裡？二是人可能永遠比機器強在哪裡？

和目前的神經網路相比，人類在認知方面比機器強在以下幾個方面。

（1）學習識別物體不需要大資料。機器要認識一隻貓也許要幾萬張圖片，圖片的顏色或構圖稍微變化一下或者有遮擋、殘缺，機器就不行了。而人類能夠從小資料中迅速提煉歸納出規律，一個嬰兒可以看見一隻貓後就認識了所有的貓。也許正如莫拉維克悖論所闡述的，高級推理所需要的計算量不大，反倒是低級的感覺運動技能需要龐大的計算資源。

（2）機器沒有常識和物理世界的模型。人類在一個陌生環境摸索一陣後，能很快在大腦中建立起模型來。

（3）機器沒有自主和自發的通用語言能力（目前人類輸入的語法規則或通過資料訓練出來的「語言」能力只能處理限定場景，否則就能通過圖靈測試了）。

（4）機器沒有想像力（需要大量常識，反事實假設及推理能力）。

（5）機器沒有自我意識。

（6）機器沒有情感和同理心。總體來説，基於神經網路的機器學習的主要功能是記憶和識別，其他一切能力都是建立在這個基礎上的。基於神經網路的機器大腦更像一個低等動物的大腦，只具有對外界的反應能力，雖然這種反應能力的精密和複雜程度遠超人類和其他動物。

如果未來人工智慧的基礎還是神經網路，隨著訓練資料集的增大和處理能力的增強，上面的（1）就會得到改善甚至可以達到人類的水準。其中（2）也有可能用窮盡法解決。但是很難想像機器會具有通用語言能力、想像力，更談不上自我意識。

簡單地説，雖然基於神經網路的人工智慧在記憶和識別這兩個基礎智慧方面超過了人類，但在推理、想像等高級智慧方面還和人類相去甚遠。未來最佳的結合就是人類和機器合作，互相取長補短。

人機融合

人類和機器該如何合作？ 腦機介面（BMI：brain-computer interface）是科學家研究的一個重要方向，指創建在人類或動物大腦與外部設備之間的直接連接通路。被腦機介面串聯的人腦能夠與外部設備之間互相傳送訊號，交換資訊。可以預料，當這項技術發展到一定的程度，人們就能夠通過「外掛」外部設備的方式，來提高生物體腦

部的感知、運算等能力，以及通過腦電波更為直接地對外部機器下達命令，或與其他人類進行協同。

　　最激進的方法之一就是馬斯克提出的 Neuralink，研發出一種「神經蕾絲」對接在人腦的神經網路上，直接接收人腦的訊號。馬斯克認為機器「思維」和輸入輸出都非常快，而人類通過語言或鍵盤的輸入輸出比機器慢好幾個數量級，這將是人類和機器相比最大的劣勢。不打破這個瓶頸，人類總有一天會受制於機器。Neuralink 要解決的是突破人類的訊號輸入和輸出瓶頸，但他的想法有一個基本漏洞：人類的高級思維必須依賴語言。如果脫離了語言我們就完全無法進行高級思維（如邏輯推理、描述場景等）。如前所述，目前的基於神經網路的機器學習能力主要是對環境的識別能力，還沒有昇華到語言和邏輯推理。而人類只能通過語言進行溝通。這也是我們在前文所說的，人類的「明知識」無法和機器的「暗知識」溝通。

　　在矽谷，另一位成功的企業家布萊恩‧約翰遜（Bryan Johnson）也成立了一家公司叫 Kernel，宣稱要能夠對神經網路的底層功能直接讀和寫，他號稱要投入一億美元來打造這個技術。Kernel 和 Neuralink 當前的主要目的是讓這些機器和人腦一起工作，當這些設備用於治療腦部疾病時，設備不光向大腦發送訊號以便作為治療的手段，也會收集這些病症的特徵資料。正如約翰遜所說的，這些設備可以採集到關於人腦工作原理的大量資料，從而反哺所有神經科學的研究領域。詹森認為，如果我們擁有來自大腦更多

區域、更高品質的神經資料，那麼它能為神經科學的研究帶來更多可能性，只是我們目前還沒有合適的工具去獲知這些資料。但 Kernel 公司的技術顧問，史丹佛大學神經科學家大衛·伊格曼（David Eagleman）教授認為在一個健康人的腦中動手術植入一個電腦介面根本不可能。先不說死亡、感染、免疫排斥等危險，連往哪接目前都不知道。腦神經科的醫生動開顱手術和腦神經手術都是在萬不得已的情況下，例如患者的大腦有嚴重疾病或損傷。伊格曼認為更有可能的情況是，科學家會發現更好的從外部讀取和模擬大腦的方法。今天，醫生通過功能性磁振造影（FMRI）等技術讀取大腦的資訊，並通過經顱磁刺激等方法改變其行為，但這些仍然是較為簡單的技術。伊格曼認為，如果科學家能夠對人腦有更好的瞭解，那麼他們可以大幅改進這些方法，或基於它們而發明更有用的方法。例如，科學家可以通過基因技術去改變神經元，從而使機器可以從體外對神經元進行「讀寫」，或者也可以通過「吞服」奈米機器人實現同樣的目的，所有這些方法都比植入神經網路可靠。

其實馬斯克並非第一個提出這個設想的人，這方面的研究曆史至少有 100 年之久，商業化的努力也一直前赴後繼。外科醫生已經能夠把某些設備移植到人體內，腦神經科的手術目前主要是植入深度神經刺激訊號，用來治療癲癇、帕金森病等，重建患者的視覺、運動等能力。例如通過植入電極來抑制癲癇發病時的神經腦電訊號，在這些情

況下，冒一些風險是值得的。IBM 的科學家在開發一個類似的專案，通過分析在癲癇發作時的大腦訊號，做出可植入人體並能抑制癲癇發作的儀器。

目前主要的成功案例來自一名叫作威廉姆·多貝爾（William Dobelle）的科學家。1978 年，多貝爾在一位盲人的腦內植入了由 68 個電極組成的陣列，這種嘗試使盲人產生了光幻視（視網膜受到刺激時產生的感覺）。在隨後的調試中，接受這種治療的盲人能夠在有限的視野內看到低解析度、低刷新率的點陣圖像。2002 年，接受新一代系統治療的患者恢復了更多的視力，甚至可以在研究中心附近駕車慢速前行。同一階段，在恢復運動功能方面，腦機介面研究也取得了顯著的進展。

剛才提到除了植入電極還有一種可能的方法是在頭上戴一個「電極罩」，採用「黑箱」方法解讀人腦。只要罩在頭上的電極罩能夠從大腦中穩定地檢測到足夠複雜的訊

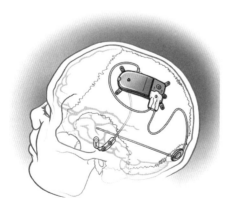

圖 6.14
用於治療癲癇的 RNS
系統裝備
圖片來源：
IBM Treat epilepsy
with RNS。

AI 背後的暗知識

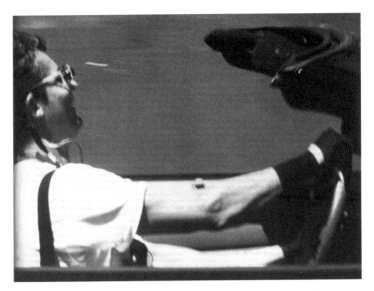

圖 6.15 雙目失明的延斯在仿生眼的幫助下得到了一定程度的視力
圖片來源：jensnaumann.green-first.com。

號，用此時人的語言或動作作為輸出，通過機器學習的方法建立輸入（檢測到的腦電訊號）和輸出（語言或動作）的一一對應。這裡的假設是對應每一個輸出的輸入都是相同或類似（例如每次豎大拇指的腦電波都相同）的且能穩定地檢測這些訊號。這種方式沒有在大腦內植入電極，訊號沒有那麼清晰，資料量沒有那麼大，也沒有那麼穩定，受到的干擾也會更強一些。

雖然通過頭戴式裝備獲取微弱的腦電波訊號的方式難度很大，但是經過幾十年的發展，科學家已經開始取得突破，尤其是在殘疾人部分能力的重建上。1988 年，美國科學家已經實現了用大腦控制虛擬打字機的操作，瑞典科學

家更是實現了輪椅按人腦意識控制前進。2006 年，日本研製出「混合輔助腿」，能夠幫助殘疾人以每小時 4 公里的速度行走。在 2014 年世界盃上，身患截癱的巴西青年朱利亞諾．平托身穿一套奇怪的「機械戰甲」，在工作人員的幫助下開出了世界盃的第一腳球，這背後就是使用腦機介面技術＋外骨骼成功讓一個癱瘓患者恢復了行動能力。

另外，該類技術已經能夠實現遠端控制機器、玩遊戲等。2008 年 1 月，杜克大學的研究團隊讓身在美國特勒姆實驗室的猴子用意識控制了遠在日本京都實驗室內機器人的行走。2013 年 3 月，英國研究人員開發出第一種用於控制飛船模擬器的「腦機介面」裝置，美國科學家又創建了電腦類比程式，戴在頭上後通過人腦的意念便可以控制飛船模擬飛行。2017 年 10 月，美國亞利桑那州立大學以人為導向機器人和控制實驗室的負責人 Panagiotis Artemiadis 宣佈正在研發一種導航系統，能夠讓駕駛員只借助自己的意識同時操控一群無人機。

腦機介面技術的意義在於能夠讓人的大腦能力獲得提

圖 6.16
為巴西世界盃開球的志願者朱利亞諾．平托
圖片來源：
http://hiphotos.baidu.com/feed/pic/item/f603918fa0ec08fab12d60f453ee3d6d55fbdab0.jpg。

升，或實現能力重建，甚至是實現遠端控制。本質上普通人只能用自己的意識來控制自己的身體，而腦機技術能夠讓人類實現通過意識操控遠在千里之外的機器人，更重要的是，通過機器人（肢體）的感測器，這些感覺可以即時傳回到人類的大腦在某種程度上人類已經實現了肉體的無限延伸和空間的穿越，這已經顛覆了人類的認知。腦機介面的遠端控制有望在諸多領域實現應用，例如智慧機器人去危險的火災、電力、搜救等領域工作，同樣也可以在地質勘探、農業、物流等領域實現應用。

通過連接到雲端提升語言能力

谷歌技術總監庫茲維爾（Kurzweil）認為，由於智慧手機能提供海量的計算和資料，所以它已經讓我們遠遠比 20 年前的人聰明。有朝一日，我們不再需要手持設備，通過植入大腦皮質的晶片就可以讓我們連接到雲端。我們可以通過與人工智慧結合而變得更加智慧，通過更多潛在的方式去共用語言（例如能立刻接入英語詞典）。庫茲韋爾認為這些和我們現在的習慣差別不大，只是用大腦中的晶片替代了翻譯。

逝者「還魂」

通過給人工智慧系統灌輸某個人的照片、影片、音

訊、信件、日記、郵件、帳單以及任何能表現他個性的東西，可以造出逝者的「化身」，我們戴上頭盔就可以在虛擬世界和他交流互動。庫茲韋爾表示他已經造出了他過世多年的父親的「化身」，他認為這是一個將父親帶回親人身邊的方式，雖然目前把逝者帶回人工智慧世界還不完全真實，但以後會更加接近。

「神人」與「閒人」──
AI 時代的社會與倫理

AI 帶來的變化絕不只是在商業和科技領域，而是和互聯網一樣會衝擊今天的社會結構甚至道德倫理，每一個在社會中生活的人都會受到影響。

即使沒有讀前面的章節，也可以直接讀這一章。

AI 機器的崛起會不會導致大規模失業？迄今為止，歷史上大的技術突破並沒有對人類的工作產生毀滅性的打擊。蒸汽機的誕生替代了傳統的驛馬，印刷機的誕生取代了傳統的抄寫員，農業自動化設施的產生替代了很多農民的工作，但這都沒有致使大量的人流離失所。相反，人們找到了更適合人類的工作。但這次還會一樣嗎？隨著智慧型機器的崛起，大量重複性勞動將被替代。在這個社會中，人類能夠在技術幫助下做更多的事情，從而更多的負責創造新事物。但如何保證原有重複性勞動者能夠平穩渡過到的新工作，將成為一項挑戰，畢竟這次變革的衝擊將超過歷史上的任何一次變革。各國政府都在未雨綢繆應對可能會出現的貧富分化加速。

　　《未來簡史》一書的作者尤瓦爾‧哈拉瑞（Yuval Harari）曾預測，若干年後，人類社會最大的問題是人工智慧帶來一大批「無用的人類」；同時，也會催生出「超人類」（Superhuman）。他認為，一小部分超人類將可以借助科學技術不斷地「更新」自身，操控基因，甚至實現人腦與電腦互聯，獲得一種不死的狀態。「在以前的歷史上，貧富差距只是體現在財富和權力上，而不是生物學上，帝王和農民的身體構造是一樣的。在人可以變成超人類後，傳統的人性就不存在了，人類會分化為在體能和智慧上都佔據絕對優勢的超人階層和成千上萬普通的無用的人類。」他的擔心會成為現實嗎？

　　機器釀成的事故由誰負責？自主化武器、無人駕駛汽

AI 背後的暗知識

車、生產機器人等都可能因為代碼錯誤或在環境巨變下失控釀成災難。隨著智慧產品的逐漸普及，我們對它們的依賴也越來越深。當機器遇到困難時，往往會將操控權轉交給人類，而人類很難瞬間接管好一項突然轉來的工作。比如人類接管無人車駕駛時可能因為睡著了或注意力不集中而發生事故，這種事故在人類和機器之間也很難釐清責任。

在未來的戰爭中，軍方為了減少己方傷亡將盡可能用自主化武器代替人進行軍事活動。自主化武器將讓後臺操縱人員不用對每個具體結果負責任。而且隨著自主化武器任務的日益複雜，後台操縱人員也越來越多，每個人只是完成一個任務的一小部分。這使人們對這種「殺戮」變得心安理得。

誰先失業

牛津大學的一份研究報告指出下列職業將是最先被人工智慧取代的，在 2033 年下列職業被 AI 取代的概率如下：
（1）電話行銷員，99%。
（2）收銀員，97%。
（3）速食廚師，96%。
（4）律師助手，94%。
（5）導遊，91%。
（6）公車和計程車司機，89%。
（7）安保人員，84%。

（8）檔案管理員，76%。

　　將被 AI 取代的工作和職業遠不止這些。麥肯錫發表的一份研究報告指出，中國的勞動力可以被自動化的程度比世界上任何其他國家都要高。據該報告估計，20 年內中國 51% 的工作可以自動化，相當於 3.94 億全職員工。最容易被 AI 取代的是那些重複性高、可預測、可程式設計的工作。19 世紀的機器主要代替體力工作者，這次 AI 將替代許多腦力工作者。中等技能的專業人員可能首當其衝，而目前很難程式化的工作，例如保姆反而很難被取代。許多高技能高收入的職業也可能受到衝擊。這種衝擊體現在兩個方面：一是直接取代，例如中級 X 光閱片醫生和律師事務所的文書；二是增強，例如醫生的 AI 輔助診斷。許多工可能會自動化或大大縮短時間，有些工作可能會發生改變。正如電腦出現後並沒有消滅會計，而是讓會計更高效，能分析過去無法分析的大量資料，能產生過去無法產生的大量圖形和表格。AI 對許多行業的影響也將類似。

　　同樣的道理，那些很難標準化、程式化的工作將是最難被 AI 取代的。以下是一部分最難被取代的工作，它們未來被取代的概率如下：

（1）考古學家，0.07%。

（2）心理諮詢和毒癮治療工作者，0.3%。

（3）職業病理療師，0.35%。

（4）營養師，0.39%。

（5）醫生特別是外科手術醫生，0.42%。

AI 背後的暗知識

（6）神職人員，0.81%。

這些難以被 AI 取代的職業的一個特點是需要有對人類情感和精神的理解。這是目前的 AI 完全無法做到的。

孩子該學什麼

目前 AI 工作市場很熱，各公司競相出高薪吸引 AI 人才，特別是高級人才。各類培訓班也趁機大發其財，許多大學生、研究生紛紛選修 AI 的課程。隨著進入這個領域的人數增加和 AI 計算能力越來越「程式化」，預計不出五年普通的 AI 人才就會產生剩餘。每當朋友問到「我的孩子要學 AI 嗎」，筆者的回答都是「學好數理化，走遍天下都不怕」。現代科學的全部基礎是 2500 年前希臘的《幾何原本》。但凡稱得上科學的學科一定具備兩個特點：一是具備像《幾何原本》那樣的公理系統；二是可以用實驗驗證假設。物理學是建立在數學之上的，化學又是建立在物理學之上的，生物學又是建立在物理和化學之上的。歸根結底，所有現代科學的基礎都是數學。人工智慧也不例外，基於神經網路的機器學習的全部數學基礎就是偏微分方程和線性代數（兩門大學理工科的必修課），人工智慧其他流派可能還要涉及概率論（大學基礎課）和隨機過程（大學或研究生課程）。今天的小學生、中學生到大學畢業時，人工智慧不知會發展到什麼程度，但它的數學基礎還將是以上這些課程。一二十年以後，也許基於神經網路的機器學習會遇到

瓶頸，但學好數理化的孩子可以有許多其他選擇，而不必局限在 AI 領域。

除了數學，另外一門最重要的課就是語文（包括外語）。語文培養的不僅是表達能力，更重要的是培養同理心的途徑。人類之間溝通的基礎就是同理心和共情心，即根據自己的感覺理解別人的能力。機器沒有同理心和共情心，未來最難被機器取代的就是需要和人類溝通的工作。

在能力方面，除了溝通能力以外，未來最重要的是想像力和創造力，而不是「工匠」能力。

AI 時代的新職業

新藍領職業

像以往的新技術一樣，AI 將催生一系列新的職業。以下是可以預見的新藍領職業。

1. 數據標註員

在 AI 視覺的發展史上，ImageNet 的龐大資料庫發揮了重要的作用。這個資料庫中有上千萬張用人工標註了的圖像（例如一張狗的照片上標註「德國牧羊犬」），ImageNet 的創建者史丹佛大學的李飛飛教授在網路上動員了上萬人參與到標註工作中來。目前許多 AI 演算法的訓練都有賴於大量的已標註資料。許多大公司例如谷歌已經開始雇用越來越多的人標註資料，包括圖像、影片等。這個工作需要

AI 背後的暗知識

298

多少人呢？原則上講要把被識別的種類的所有情況都標註出來，機器才能「全面掌握」。例如在自動駕駛中所有需要判斷的場景都需要標註出來，而這些場景可能無窮多。

2. 資料獲取師

自動駕駛要採集一個國家所有道路的精確地圖，需要幾百輛資料獲取車常年採集。我們的生產和生活中有無數這樣需要採集資料的工作。除了在田野採集資料，許多資料還需要後臺的清理，這些也少不了人工的干預。

3. AI 訓練師

許多 AI 演算法在正確識別場景之後並不知道該如何行動，這時人類可以提供指導。例如可以在汽車駕駛模擬器上隨機產生千變萬化的道路場景，由人操縱模擬器。機器記錄下來場景和人的相應動作。甚至更進一步，AI 駕駛訓練員開著車在北京擁擠不堪的交通中每日穿行，車中的感測器（監視器、雷達等）記錄下來各種複雜的場景和相應的駕駛員的動作。

在工廠生產線上，人類訓練師也可以「一對一」地教機械臂或機器人學會某些特殊性的序列動作。

新白領職業

最近美國政府的一份報告提出了未來和 AI 有關的相關工作，分為以下四類。

（1）需要與 AI 系統一起工作以便完成複雜任務的參與工作

（例如 AI 輔助醫療診斷）。

（2）開發工作，創建 AI 技術和應用程式（例如資料庫科學家和軟體發展人員）。

（3）監控或維修 AI 系統的工作（例如維護 AI 機器人的技術人員）。

（4）回應 AI 驅動的典範轉變的工作（例如律師圍繞 AI 創建法律框架，或創建可容納自動駕駛車輛的城市規劃者）。

新粉領職業

　　機器最難取代的就是要求高度情感的工作，例如嬰幼教育，社會工作、心理諮詢等。隨著社會老齡化，老年人的照顧和護理將成為一個巨大需求。目前這個需求遠遠無法滿足的原因在於大部分老年人的支付能力不足。可以想像類似美國給低收入人群提供的食品券一樣給老人提供「老年照顧券」（在手機上實現支付和反作弊都很簡單），且只能把這些券支付給服務機構。未來甚至會出現「客製電話煲粥員」「家庭心理諮詢師」等。這些煲粥員和諮詢師與今天的電話聊天服務及心理諮詢師的最大不同是他們不僅針對固定的客戶群，而且服務是持續的。未來甚至會出現專業粉絲團，不僅是為明星當粉絲，還可以為任何需要掌聲的人當粉絲。

女性的優勢

　　人類「生離死別」的情感都源於肉體的脆弱和生命的有限。機器沒有這些限制因此不具備這些情感，即使機器去模擬這些情感也很假。女性情感比男性豐富，所以比男性更難被機器取代。機器取代人的難易程度從易到難將是四肢（體力）—小腦（模仿性工作）—大腦（推理邏輯常識）—心（情感）。

　　未來一個新職業特別適合女性，這就是「機器解釋師」。例如我們去看病，如果有一位德高望重的名醫說「沒啥大事，回去多喝水，休息兩天就好了」，這病有可能會好一半。因為人體許多疾病是靠自己的免疫系統治癒的。而免疫系統的功能直接和心情有關。當機器給人列印出一份冷冰冰的診斷報告時，患者不會有老大夫拍肩膀安慰的放心感覺。即使機器人可以模仿人說話，也是假模假樣的。至少在可見的未來機器都不具備真實的情感，更談不上同理心、同情心等人類複雜的心理活動。這時候機器的診斷結果需要一位慈祥的女士來解釋給患者聽。這位女士如果是醫生當然最好，但有一些醫學訓練的護士足矣。這位「機器翻譯師」固然要懂醫學，但更重要的是懂患者的心理，包括瞭解患者的背景和觀察患者的語言行為。

　　婦女在工業時代的社會地位比農業社會高是因為機器取代了肌肉，女人可以和男人一樣靈巧地操縱很多機器。在資訊時代女性的地位進一步提高，因為資訊時代徹底抹

平了工作對肌肉的依賴。而在未來的智慧時代，機器長於邏輯弱在情感，讓女性比男性有了明顯的優勢。

AI 是否會造成大量失業的關鍵在於 AI 技術發展的速度。如果取代過程緩慢，那麼失業人口將被其他工作逐漸吸收，失業人口也有時間重新學習技能。

農業人口在 1840 年占美國總勞動力人口的 70%，目前只有 2%。在 170 多年中每年減少 0.7%，這樣很容易被快速發展的工業吸收。目前美國每年仍然有 24 萬農業人口離開土地，這差不多是美國一個月新增的就業人口。我們要未雨綢繆的是如果 AI 技術快速發展，在一代人的時間裡大量取代人工，那麼我們將會看到怎樣一個社會？

新分配制度：無條件收入還是無條件培訓

如果社會出現大規模失業，那麼一種解決方案是「無條件基本收入」（Universal Basic Income，UBI）制度。該制度很簡單：不論性別、收入、職業、教育情況，政府給每人每月發放一定的基本生活費，包括就業人口。從美國到巴西、加拿大、芬蘭、納米比亞、肯亞、印度都在實驗 UBI。瑞士 2016 年夏天還進行過一次關於 UBI 的投票，議案提議政府給所有成年公民每月約 2500 美元生活費，給未成年人每月 600 美元。投票的結果是 23% 贊成，77% 反對，議案被否決。支持 UBI 的人有三條理由。

（1）社會上有許多人從事有價值的工作而沒有收入，例如

AI 背後的暗知識

全職母親。UBI 是對這類工作價值的承認。

（2）可以大幅縮小貧富差距。美國阿拉斯加州的收入平等
水準曾經在美國各州排名第 30 位（數目越大越不平
等），自從 1976 年州政府建立了石油收入支撐的永久
基金並給每個公民每年支付 1000~2000 美元（看當年
石油價格）後，阿拉斯加州的收入平等水準在美國各
州躍升到第二位。納米比亞 2007-2012 年的實驗證明，
實施一年後貧困率從 76% 降到 37%，在 6 個月內兒
童營養不良率從 42% 降到 17%。美國「經濟安全專案」
的一項研究表明，給美國每個成年人每月 1000 美元，
每個未成年人每月 300 美元可以全部消除貧困。（美
國人口 3.24 億，其中成年人口 2.5 億，這樣每年支出
約 3.3 萬億美元。目前美國聯邦政府總預算約 4 萬億
美元，聯邦、各州及所有地方政府的財政預算總和約
7 萬億美元，占 GDP 的 35%。）

（3）可以提升健康水準，減少少年兒童輟學，促進就業。
烏干達的一項「青年機會計畫「鼓勵青年投資自己的
技能培訓，使收入提高了 38%。納米比亞的實驗把輟
學率從 40% 降到了零。

反對 UBI 的人也有三個理由。

（1）把本來該給窮人的錢給了那些並不需要的人。

（2）鼓勵好吃懶做。

（3）UBI 需要的那麼多錢從哪兒來？

有好奇的讀者會問，為什麼不把錢只給窮人，這樣不

是可以大大降低成本嗎？其實這就是目前各國實行的失業救濟金和低收入保障。問題是鑑別誰是失業人口和需要救濟的人口的成本很高，當大規模失業突如其來時無法應付。

筆者認為，UBI 最大的問題在於太昂貴，其他都不是問題。筆者建議與其實行無條件基本收入，不如實行「無條件基本培訓」（Universal Basic Training，UBT），即對所有願意工作的成年人提供培訓費用。這筆錢並不發給個人，而是發給培訓機構（要有措施防止作弊）。受培訓的成年人只有通過協力廠商考試機構的相應考試後才能免除這筆培訓費用。以目前的個人識別技術（指紋、刷臉等），這些考試可以輕易線上舉行。由於這些培訓項目針對的是那些失業者，學習重新就業的技能需要花時間精力，所以不是真正需要工作的人或者有不錯收入的人不會去占這個便宜。還以美國為例，目前失業率已經達到 3.9%，約 608 萬人，已經達到了充分就業率。假設目前失業率為 10%，而我們希望達到 4%，這樣大約有 960 萬人需要通過培訓就業。假設每人每年職業培訓費用為 1 萬美元，每年的總培訓費用為 960 億美元，這只是 UBI3.3 萬億美元的 3%，占美國GDP 的 0.5%。即使失業率達到 20%，培訓費用達到 2560億美元，也分別只是 UBI 成本的 8% 和美國 GDP 的 1.3%。

貧富懸殊解決之道：民間公益

過去 100 年來的技術進步惠及了所有的人，但是分佈

AI 背後的暗知識

卻極不均衡。雖然每個人的絕對生活水準都大幅提高，但相對差別不是減少而是增加了。圖 7.1 是把美國地圖面積作為美國的總財富來直觀顯示不同階層人群在總財富裡的占比。

如圖 7.1 所示，美國最富有的 1% 的人口佔有幾乎 40% 的財富，最富有的 10% 的人口佔有 80% 的財富。最窮的 40% 的人口只佔有不到 1% 的財富。在世界各國裡，美國的貧富差距還不是最大的，中國、巴西、墨西哥都比美國貧富差距更大。圖 7.2 是世界各國的基尼係數（係數越大，貧富差距越大）。

美國的貧富差距主要由三個因素造成。一是代際傳遞，富人的遺產留給孩子，資本增值比勞動增值更快，因此富的越富，窮的越窮。二是全球化勞動力流動性增加，加工

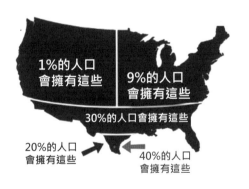

圖 7.1 美國不同階層人群佔有財富的比例圖片來源：
http://owsposters.tumblr.com/post/11944143747/if-us-land-mass-were-distributedlike-us。

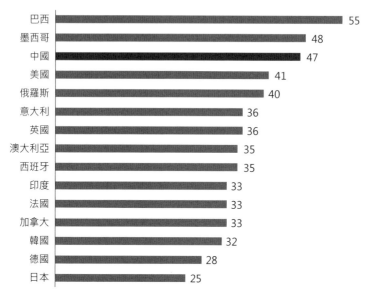

巴西	55
墨西哥	48
中國	47
美國	41
俄羅斯	40
意大利	36
英國	36
澳大利亞	35
西班牙	35
印度	33
法國	33
加拿大	33
韓國	32
德國	28
日本	25

注：0=收入完全平等，100＝收入最不平等

圖 7.2 世界各國的基尼係數
圖片來源：http://www.kkr.com/globalperspectives/publications/china-transition。

業和製造業大批流向以中國為主的發展中國家，造成大批藍領失業。三是科技使財富向科技創業成功者高度集中。中國的貧富差距也有三個原因，其中有兩個和美國不同，一個相同。第一個不同是過去城鄉二元政策造成的廣大農村的數億貧困人口中仍然有相當一部分沒有脫貧。第二個不同是國家控制的資源有相當一部分在權錢交換中集中到少數人手中。和美國相同的是，科技使財富向科技創業成功者聚集。注意前兩者通常伴隨著對弱勢群體或貧困人群的剝奪，也就是它們不僅使富人更富，也使窮人更窮，而

AI 背後的暗知識

科技進步造成的貧富差別只是讓富人更富但並沒有讓窮人更窮。隨著扶貧計畫的開展和轉移支付的加大，農村的絕對貧困人口會逐漸減少。隨著法治的健全，權錢交換也會被抑制。只有科技進步造成的貧富相對差距目前並沒有好的解決之道。法國經濟學家湯瑪斯·皮凱提（Thomas Piketty）在《21世紀資本論》中建議徵收「財富稅」，即針對每個人擁有的所有財產（包括房產、證券、現金、保險等）每年徵收 1%~2% 的稅。這個稅種不僅嚴重抑制企業家創新動力，而且把錢交給政府效率一定很低。丹麥曾經徵收過財富稅，在 20 世紀 80 年代後期該財富稅最高達到 2.2%，也即你的財富如果不增值 45 年就被國家征光了。實踐證明這個稅種在抑制經濟發展的同時並未縮小貧富差距，丹麥自 1997 年後就取消了這個稅種。其他一些富裕歐洲國家也都有類似嘗試，最後都取消了這個稅種。

縮小貧富差距的一個可行的方案就是通過民間公益。比爾·蓋茨現在全職做公益，他和巴菲特把 99% 的財產都捐出來，要在有生之年全部花在公益上。他花自己辛苦賺來的錢一定比政府花別人的錢用心得多。作為一個成功企業家，他選擇自己認可的專案，執行專案、評估專案的能力都遠高於一般政府官員，這裡幾乎不會有跑冒滴漏和貪腐。更重要的是，當大批成功企業家都投入公益時，會自然形成一個「公益市場」。企業家不僅可以根據自己的資源、愛好和優勢選擇公益方向，效率差的公益項目也會被自然淘汰。

無論是比爾‧蓋茨還是馬雲，他們個人和家庭所能消耗的財富在他們自己的財富中都微不足道。聰明的家長都知道留給孩子太多錢是禍害，所以中外很多的成功企業家都將自己的大部分財富，在他們有生之年全部花到自己認為重要的公益項目中去。作為政府，應該通過一系列法律政策鼓勵民間公益，支持形成一個公益市場和公益生態。這樣不僅避免了高稅收造成的創業意願降低，避免了徵稅成本和支付中的損耗，更重要的是能夠以最高的效率和最創新的方式縮小貧富差距。

　　改善貧富差距的第二個方案是增加休息日和延長假期。一個令人匪夷所思的現象是當中國從每週工作六天改變為每週工作五天時，GDP 不僅沒有下降相應的 1/6，反而持續增長。經濟學家的解釋是多出一天的休息時間增加了消費，前提是人們普遍擁有積蓄，但沒有時間消費。根據同樣的原理，可以將五天工作制改為四天、三天。也可以進一步延長假期，例如除了春節以外，清明、端午、中秋都變為長假期。每年的年假也可以延長到三周、四周，甚至可以考慮讓家長和孩子一起放暑假和寒假。逐漸增加休息時間，帶來了消費的增加，所以總體 GDP 並不一定會下降。對企業來講，每個人的工作時間變短，要完成同樣的工作量，意味著需要增加人手，這樣就會降低失業率。那讀者要問，這樣豈不是增加了企業的成本嗎？如果全社會都是同樣的勞動時間，企業利潤的長期決定因素則是市場願意支付的價格。企業為了保持一定的利潤，要麼提高效率，要麼削

減工資，前者推動創新，後者則是一種市場化的也即無損耗的轉移支付。

　　不論是「無條件基本收入」還是大幅增加休息時間都屬於比較激進的應對大規模失業的措施。筆者不認為尤瓦爾・赫拉利所擔心的大規模失業會突然出現。基於對目前技術的理解和近年來商業的發展，AI 對產業的影響雖然是顛覆性的，但不會在一夜之間發生。

權力再分配

　　歷史上每次技術革命都會改變權力的分配。過去 40 年的訊息革命讓每個人可以及時得到資訊，及時傳播思想，大大增加了個人的力量。技術革命甚至會改變地緣政治。在汽車時代之前，中東是世界上最貧窮的地方之一，也非大國博弈之處，一旦世界進入依賴石油的時代，中東的產油國搖身一變成為巨富，這些戰略財富也引發了許多戰爭。當有一天大街上全部都是電動汽車時，中東可能又變回到大家不感興趣的沙漠地帶，而富產電池原料的剛果則變成大國必爭之地。

　　技術革命把權力在政府、企業和個人三者之間重新分配，並不一定每次都傾向於個人。例如當電腦還在大型機階段時，大型機的霸主 IBM 成為美國最有權力的公司之一。個人電腦革命的社會動力是美國的一批年輕人感到未來資訊時代被一家公司（當時是 IBM）控制非常恐怖，所以第

一個微處理器晶片剛問世，就立即得到了這批年輕人的熱烈擁抱。賈伯斯、蓋茨的理想是每個人都能擁有自己的電腦。個人電腦和互聯網毫無疑問會極大地給個人賦能，增加個人的權力，但後來的大資料和雲計算則相反，又把權力轉移到了大公司和政府手中。許多國家的政府對互聯網一開始都持懷疑和謹慎態度，但它們對大資料和雲計算從一開始就熱烈擁抱。因為大資料和雲計算不僅需要巨大的資源，而且集中在一起（在資料中心）易於控制，更重要的是大資料可以增加政府對社會的管理和控制能力。

那麼這次的 AI 浪潮又會造成什麼樣的權力分配呢？在過去幾年中我們明顯看到 AI 進一步將權力集中到大公司和政府手中。AI 的核心資源是處理晶片和資料，目前晶片集中在以輝達為首的少數幾家晶片公司手中。資料則分為三類，第一類是互聯網使用者或者消費者資料，目前集中在世界互聯網公司巨頭手中。第二類是行業資料，例如醫療、金融等，集中在行業的龍頭公司手中。第三類是社會資料，集中在政府手中。許多 AI 的應用由於和大資料不可分離，自然是給大公司或政府賦能。例如人臉識別技術從一開始就得到中國政府的大力支持，在全國遍地開花。在短短的幾年中，從支付到購物再到出行都已經開始「刷臉」。現在全國已經有上億個監控監視器，未來更會做到無縫覆蓋。

AI 技術有可能給個人賦能嗎？目前看來可能有兩個方向。一個方向是手機中的 AI 功能，例如物體識別、智慧助理和自然語言理解等。因為手機給個人賦能，凡是增加手

機能力的都能增加個人能力。第二個方向是 AI 的資源開源化，這裡包括原始程式碼、程式庫和雲端 AI 能力。這些 AI 資源的普及將使人們在 AI 領域的創業成本降低，幾個聰明的孩子就可以做大公司做不了的事情。

是否該信任機器的決定

隨著機器學習能力的增加和暗知識的大爆炸，未來越來越多的決定將交給機器去做。這些決定可以從疾病的診斷到職業的選擇，可以從商業的決策到政策的制定，甚至戰爭的決策，許多決定牽涉巨大的經濟利益甚至人命。當人類無法做出最適當的決定時，是否該信任機器的決定？

要回答這個問題，我們需要把機器決定的場景分為兩類：第一類是反覆出現的場景，第二類是從來沒出現過的場景。

第一類場景的典型是自動駕駛。在這類場景中，人類對機器的信任和今天對一家大型客機上軟體的信任沒有本質區別。只要場景是反覆出現的並且有時間去測試，我們就可以通過長時間的測試來驗證機器的可靠性，這正是今天所有自動駕駛公司在做的事：經年累月地在大街上駕駛，不斷提高可靠性。這類場景還有一種情況是疾病診斷，雖然機器是第一次對某個病人下診斷，但機器已經正確地診斷了許多其他類似的病人。所以不論是個人生活中的決策，還是商業決策，只要機器有過在類似場景下大量的測試，

就可以信任機器。當然這裡不排除機器出錯的概率，這和不排除有經驗的醫生誤診，不排除大型客機的軟體出故障一樣。

第二類場景的典型是一場戰爭的決策。機器很難有在實際戰爭中反覆測試的機會，即使有，每場戰爭的性質也大不相同。在這種場合人必須負起責任。那是不是說機器在這種場合就完全沒用了呢？不是。如果能有歷史戰爭資料，比如戰場的影片和衛星圖片，機器仍然可以從這些海量資訊中發現隱蔽的關係，也即暗知識。機器也可以模擬戰爭場景，就像今天自動駕駛系統也可以用模擬環境訓練一樣。所以即使機器無法在實際場景中測試，仍然有可能為人類決策提供輔助支援。

數據如何共享

AI 應用依賴數據，數據越多、越廣，AI 優化的效果就越好。目前的數據都是一個一個的孤島，佔有數據的機構不一定能最有效地利用數據。目前佔有數據的企業沒有動力把自己的數據分享給別人，要解決數據共享必須解決以下兩個問題。第一，動力機制。共享的好處是什麼或者不共享的壞處是什麼？一個方案是建立資料交易平臺。提供數據可以賺錢，使用數據要付費。這裡的核心是根據數據的數量和品質對數據進行定價。第二，隱私與安全。企業的數據涉及使用者隱私或企業機密。使用者的身份資訊必

須隱掉，這樣即使數據被破解也無法對用戶造成傷害。企業的身份資訊也需要加密，這樣即使數據共享平臺也無法看到企業身份資訊。如何既能加密又能使用資料則是目前的一個研究熱點。以目前的分散式數據技術，企業的數據不必離開自己的伺服器或數據中心，這樣分享數據的企業心裡更踏實。同樣的道理，政府也應該根據上述原則盡可能公開數據。這些數據本來就是公共資源，是比金礦更好的資源，金礦一個人挖完了第二個人就挖不到了，數據礦可以讓成千上萬人用不同的方法挖到不同的寶貝。

自尊的來源

不論採取什麼樣的措施，如果機器代替人工的勢頭來得太猛烈，大規模的結構性失業總是很難避免的。一種極端的情況是當某些行業徹底被機器取代後，該行業的相當一部分從業人員再也沒有能力掌握其他行業的就業技能。如果這個群體很大，就會變成一個社會問題。對這部分人群除了給予基本生活救濟以外，還應該關注他們的心理健康。其中最重要的是自尊感的來源。長期失業的人即使基本生活有保障，也會喪失價值感。他們在家庭和社會中也會感覺低人一等，長此以往會造成抑鬱，導致酗酒甚至吸毒。一個人的自尊主要來自對社會和他人的貢獻，可以和金錢無關。所以獲得自尊的一個重要途徑是參加各種社會公益組織，在公益組織中不僅能夠找到自己的價值，而且

能找到群體的歸屬感。這就要求社會大力鼓勵發展各種類型的公益組織，讓每個人都能找到自己願意參加的公益活動。任何一個社會都會有大量的服務性工作無法由商業完成，因為商業要產生利潤，而有些被服務的人群沒有相應的支付能力，例如貧困和部分老年人群。這些「閒人」相互之間的服務也是一個很大的需求，這就是開玩笑說的「你給我揉肩，我給你捶背」。

自尊的第二個來源是個人獨特的價值，包括比周圍人更好的技能（體育、遊戲、音樂、舞蹈、繪畫、閱讀、講笑話、養生、健身、手工等）。這些才能才藝的開發和發揮同樣需要社會公益組織，即組織各種愛好者俱樂部。這些形形色色的社會公益組織可以由富裕人群捐助。如果政府能夠給這些無法再就業的人群提供一個基本生活保障，通過形形色色的社會公益組織再給這些人提供尊嚴感和歸屬感，這個人群的幸福感就會大大加強。

機器會產生自我意識嗎

包括馬斯克、霍金等人都非常擔心 AI 有一天會控制人類。在機器能控制人類之前，機器必須產生自我意識。自我意識是一個複雜問題，到今天都沒有公認的嚴格定義，但大致上自我意識是指一個人對自己存在的知覺，或者說明確知道自己和周圍的環境（他者）的區別。人的自我意識並非天生就有，而是兒童在大約 18 個月開始產生的。

紐約州立大學奧爾巴尼校區的戈登・蓋洛普教授（Gordon Gallup）在 1970 年設計了一個簡單巧妙的測試自我意識的實驗。實驗是這樣進行的：先讓一個兒童看到鏡子裡的自己，然後在不讓他察覺的情形下在他的臉頰上貼上一張明顯的記號（例如一張紅色的圓點紙），再讓孩子對著鏡子。如果孩子去摸自己臉上這個記號或試圖撕下來，這個孩子就被認為具有了自我意識。實驗證明，只有達到一定年齡（例如 18 個月）的孩子才會有自我意識。科學家還對幾十種動物包括十幾種猴子做了這個實驗，只有黑猩猩這一種動物能夠通過這個測試。而其他動物不管在鏡子前待多長時間，永遠都會把鏡子裡的自己當成「別人」。

　　具有自我意識是靈長類動物和其他動物的本質區別，這使人類在進化中獲得了巨大優勢。人類可以從「自己」的視角觀察、認知和理解世界，並最終根據自己的意願改造世界。人類根據自己的知覺記憶的清晰程度開始有了「時間」概念。隨著「時間」概念的產生，人類可以想像多種不同的「未來」，即那些未曾發生的事情，創造力產生了。人類獲得自我意識的最大代價就是必須面對一個無法理解的事實：自我意識終將消失，「自己」終將死亡。對死亡的恐懼成為伴隨人一生的恐懼。一旦獲得了自我意識的「自己」，就再也無法理性地理解「自己」的消失，所以幾乎全世界所有的宗教都是從「非理性「或「超級存在」的角度回應死亡的問題，至少能提供某種解釋減少人類對死亡的恐懼。

近年來隨著腦成像儀器的成熟，關於意識的研究有了許多實驗性的發現。用於大腦研究的主要成像儀器是功能性核磁共振成像儀，該成像儀的原理如下：當大腦某部分神經元啟動產生電脈沖訊號時，就會有含氧量高的新鮮血液流到該部分大腦去替換原先氧氣已經耗盡的血液。由於缺氧血液的磁性比富氧血液高，所以在磁場中會呈現不同的訊號強度。依此原理，核磁共振成像儀就可以看出大腦中哪部分神經元正在活躍。科學家可以用功能性核磁共振判斷一個人是否有意識。該實驗要求被實驗者想一個動作如打網球，從成像儀上可以看到一個正常清醒的人的大腦皮質的某一個特定區域活躍。實驗表明大多數人在想同一個動作時相同的腦區域活躍。這樣就可以用實驗判斷一個對外來訊號沒有任何肢體和表情反應的「植物人」是否已經喪失了意識。如果該「植物人」聽到指令後對應的大腦皮質部位活躍就可以認為他仍然具有意識。

　　加州理工學院的克里斯多夫‧科赫（Christof Koch）教授通過檢測單個神經元訊號發現當被實驗者看到自己熟悉的影像時（例如喜愛的電影演員），某一個神經元會被激發而其他神經元沒有動靜。每次看到這個演員的不同照片時，同一個神經元都會被激發。甚至在看到這個演員的名字時，同一個神經元也會被激發。但如果看到這個演員和其他人的合影時，這個神經元就不會被激發。

　　單個的神經元雖然可以和外界刺激建立一對一的對應關係，但是這還不是自我意識。目前公認的自我意識是許

多神經元共同的作用。位於美國威斯康辛州的精神病學研究所（Psychiatric Institute and Clinic）設計了一種精妙的實驗用於證實意識在大腦的存在是一個整體，而不是某個部分。儀器類似我們前面提到過的罩在頭上的「電極罩」，電極罩上佈滿了電極，可以接收到來自大腦皮質不同部位的電訊號。另外一個能發射磁場的電極在腦殼的不同部位發射磁脈衝。每個磁脈衝都能引起大腦神經元的激發，通過分佈在頭上不同位置的電極就可以觀察到大腦不同部位神經元的活動。實驗發現當受試者清醒時，每次腦外刺激訊號在腦內不同的區域都會造成激發，先是離刺激電極最近的區域激發，然後這種激發先後傳導到大腦皮質的不同區域，這些啟動區域形成複雜的圖案。但當受試者入睡後再刺激，發現只有刺激電極附近的區域被啟動，並不會傳導到其他區域。這個實驗證明了意識是大腦不同區域互相傳導連通後的共同結果，而不是某個部分。

　　遺憾的是以上的腦神經研究仍然無法精準地定位意識在大腦中到底是以什麼樣的方式產生和存在的。但這些研究已經能夠給我們一些啟示來回答：以神經網路為基礎的人工智慧是否能在不遠的將來產生自我意識呢？

　　首先，如果我們能夠確認「自我意識」無非是大量神經元之間複雜的啟動和連接模式，那麼我們應該可以預測未來有一天當基於半導體或生物晶片的神經網路足夠複雜時，機器完全可能產生自我意識。但這個神經網路要多麼複雜呢？

第一個問題是神經元的數量。人類大腦大約有 1000 億個神經元，每個神經元會有上千個突觸和其他神經元相連接，也就是說人腦有約 100 萬億個連接。目前谷歌大腦已經達到了 1 萬億個連接，晶片上電晶體的密度增加速度已經開始放緩，以遠慢於摩爾定律（每 18 個月翻番）的速度發展。增加計算能力主要是靠多核，即把許多 CPU/GPU 封裝在一起。按目前的發展速度來看，最多 20~30 年機器神經網路就能夠達到人腦的連接數。但是神經元和連接數量只是一個必要條件，即使達到或超過人腦的數量也未必能產生自我意識。

　　第二個問題是神經元之間的連接方式。目前的機器神經網路為了數學上可以分析，工程上實現方便，神經元都是簡單清楚地分成許多層級。每個神經元要麼是只和下一層級的神經元相連（例如全連接網路或卷積網路），要麼是只和自己相連（例如 RNN）。但人腦中的神經元根本沒有清晰的層級，而是在一個三維空間隨機的、複雜的互聯。已知的連接有短連接和長連接，前者是附近的神經元之間的連接，後者是和很遠的神經元之間的連接。

　　第三個問題是目前的人工神經網路的訊號輸出是上一級輸入加權求和後被一個門限截斷的訊號，而人腦中每個神經元的訊號強弱、門限的高低都可能不同。也就是說目前的人工神經網路是對人腦大大簡化後的模仿，這種簡化模仿即使達到了相同的神經元和連接數也不一定能夠達到人腦的複雜程度。

除了以上三個問題之外，更重要的是第四個問題，人腦中各處充滿了隨機性，深受外界環境的影響，這種複雜系統中的隨機性是產生「湧現」的重要條件。（「湧現」是複雜系統中的一個概念，比如含有足夠複雜的無機化合物的「一潭死水」會在一道閃電的作用下湧現出有機的生命。）目前的人工神經網路是一個確定性系統，雖然我們可以在網路裡引入隨機性，但是我們並不清楚在哪裡和怎樣引入這些隨機性。這樣的隨機性有幾乎無數的可能組合，任何「不對」的組合都可能使系統無法產生「湧現」。人腦是動物幾十億年進化的結果，其中淘汰了無數無法產生意識的隨機組合。從這點上看人工神經網路是否能最終「湧現」出意識仍然是一個巨大的問號，也許需要非常長的時間和非常好的運氣。

AI 背後的暗知識

結語

人類該怎麼辦

　　一切都清楚地表明了機器對事物間隱蔽的相關性的發現和掌握已經遠超人類。機器學習正在拓展出人類知識的一個全新方向，讓人類可以利用那些自己無法理解的暗知識去解決問題，這些暗知識的總量將會大大超過人類積累的和即將發現的明知識。隨著計算能力的提高和各類演算法的進展，機器學習會呈現出越來越神奇的性能。這一波科技進步的大浪在可預見的未來還看不到停滯的跡象。

　　人類是否能理解知識變得不那麼重要了。在過去的幾萬年裡，人類的大腦永遠在知識獲取的迴路當中，沒有「人」這個認知行為的主體就談不上知識。而今天一切都顛覆了，機器也成了認知主體，可以直接從資料中萃取出知識來，再把這些知識應用到世界裡。人腦第一次被拋出了知識獲取的迴路，機器甚至會成為壓倒性的認知主體，越是複雜的問題，它們越是得心應手。

　　這並不是人類第一次發明了比自己強的工具，從第一次折斷樹枝作為武器開始，人類已經有無數超過自己能力的工具。只不過這次不再是比人手的力氣大，比腿跑得快，比眼睛看得遠，而是比大腦更能覺察萬事萬物間的隱蔽關係。在機器沒有演化出自我意識之前，它們仍然是人類任

勞任怨的工具。

一代代更聰明的機器將不分晝夜地工作，進入每一個可以產生資料的生活、生產和消費過程。機器將從這些過程中不斷發現新的知識，反過來再用於改進這些過程使效率更高。沒有任何一個重要的領域不被機器涉足，沒有任何一個人不被機器影響。

對機器知識的佔有不僅會改變權力的分配，也會改變權利的定義。我們所熟知的社會規範，諸如自由、平等、公平、正義在暗知識的襯托下將會改變原來的意義。我們要重新審視我們過去熟悉的觀念，重新思考什麼是一個「好」的社會。

機器改寫了知識的地圖，卻無法改變人的本性。人類還是那個利他與自私同體，同情與冷酷兼備的人類。對於這樣一個新的強大工具，生存本能將驅使人類用它為己謀利，博弈困境也必將導致用它來傷害他人，對機器的駕馭和暗知識的掌握勢必改變現有的地緣平衡。

在造福人類的同時，和過去 500 年中大部分新科技一樣，機器將帶來不可預知的改變和挑戰。這些改變無法阻擋，只能順勢而為，這些挑戰無法避免，只能創造性地應對。人類在過去的 500 年中經歷過無數挑戰，與之相比這次不算最大。在可見的未來，人類要擔心的不是機器，人類社會的最大風險仍然來自人類本身。

致謝

本書得到了許多人的支持。民生銀行洪琦董事長推薦了最好的出版社。北京信息社會研究所王俊秀所長參與了出版策劃，幫助搜集整理了 AI 市場的資料，對有關章節做了編輯。信中利集團劉忱先生協助翻譯了部分資料和繪製部分圖形。中信出版集團喬衛兵總編輯建議用書中的「暗知識」作為書名和貫穿全書的概念。本書的編輯寇藝明女士從內容編輯、封面設計，到出版發行都傾注了大量心血。

本書在寫作過程中還得到了許多人的幫助。得到 App 創始人羅振宇博士和他的同事邵珩、邱泰深、顧小雙對清晰表達的嚴格要求，使得本書對技術概念的解釋變得更通俗易懂。

這裡要感謝我當年在史丹佛大學的博士指導教授威德羅教授的指導，沒有當年種下的種子就不會有這本書。感謝金觀濤、劉青峰兩位老師這些年來在哲學和思想史研討班中給我帶來的思想震撼和昇華。沒有這些年的薰陶，也不會有這本書中的許多思考。

還要感謝我的朋友們對本書的大力推薦和支持，他們是創新工廠董事長兼首席執行官、創新工廠人工智慧工程院院長李開復博士，得到 App 創始人羅振宇博士，真格基

金創始人徐小平先生，中國金融博物館書院理事長任志強先生，以及當當網董事長兼 CEO 俞渝女士。

　　最後要感謝我的大學同學和史丹佛同學，也是我的太太劉菁博士。沒有她的鼓勵和第一時間的回饋與評論，本書不可能如此順利完成。

王維嘉

2019 年 3 月

附錄 1

一個經典的 5 層神經網路 LeNet-5

　　圖附 1.1 是由人工智慧大神之一楊立昆（CNN 的發明人）提出的典型的卷積網路 LeNet-5。這個網路的左邊是輸入的待識別的圖像，最右邊有 10 個輸出，因此可以識別 10 種不同的圖像，例如手寫體的 0，1，2，…，9。

　　輸入圖像的大小是 32×32。網路的第一層是卷積層，所謂「卷積」就是拿著各種不同的小範本（圖附 1.1 的範本大小是 5×5）在一張大圖上滑動找相似的圖形（每個範本是一個特定的圖形，例如三角、方塊、直線、弧線等）。範本在大圖中一個一個像素滑動，在每一個滑動位置，都把大圖上的像素值和範本對應的像素值相乘再全部加起來，

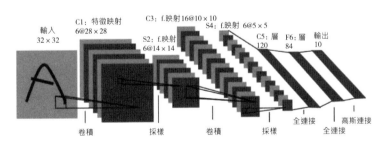

圖附 1.1 楊立昆提出的卷積網路 LeNet-5
圖片來源：http://yann.lecun.com/exdb/lenet/。

把這個加總之和作為一個新的輸出像素。當範本滑動過所有像素時，這些新的像素就構成一張新的大圖。在範本滑動過程中，每當碰上大圖中有類似範本上的圖形（即在大圖上這個區域的圖形和範本重合度高時），新的像素值就會很大。圖附 1.1 的範本尺寸是 5×5，因此在 32×32 的輸入圖像上橫豎都只能滑動 28 次，所以卷積的結果是一張 28×28 的圖片。在這個網路裡，第一層使用了 6 個範本，所以第一層卷積後出來 6 張 28×28 的圖片。

卷積的結果出來後，對每一個像素還要做一個「非線性」處理。一種「非線性」處理方法就是把所有小於零的像素值用零來代替，這樣做的目的是讓網路增加複雜性，可以識別更複雜的圖形。網路的第二層叫採樣層（down-sampling）或彙集層（pooling），簡單講採樣層就是把大圖變小圖。在這個網路裡，採樣的方法是用一個 2×2 的透明小窗在圖片上滑動，每次挪動 2 個像素。每挪動一個位置，把小窗內的 4 個像素的最大值取出來作為下一層圖片中的一個像素（除了取最大值，也可以有取平均值等其他方法）。經過這樣的採樣，就產生了下一層 6 張 14×14 的圖片。

這個網路的第三層又是一個卷積層，這次有 16 個 5×5 大小的範本，在 14×14 的圖片上產生 16 張 10×10 的圖片（5×5 的範本在 14×14 的圖片的橫豎方向上都只能滑動 10 次）。

第三層做完非線性處理後，第四層又是一個採樣層，

AI 背後的暗知識

把 16 張 10×10 的圖片變成 16 張 5×5 的圖片。

第五層再次用 120 個 5×5 範本對 16 張 5×5 的圖片做卷積。每個範本同時對所有 16 張圖片一起卷積，每個範本產生一個像素，一共產生 120 個像素，這 120 個像素就成為下一層的輸入。從這裡開始，原始的一張 32×32 的輸入圖片變成了 120 個像素。每個像素都代表著某個特徵。從這一層開始下面就不再做卷積和採樣了，而是變為「全連接」的標準神經網路，即第五層的 120 個神經元和第六層的 80 個神經元中的每一個都連接。（不要問為什麼第六層是 80 個而不是 79 個或 81 個，答案是沒太多道理。）

第六層的 80 個神經元和第七層（最後一層，即輸出層）的 10 個神經元的每一個都相連接。

以上卷積＋非線性＋採樣可以看成卷積網路的一個單元，這個單元的作用就是「提取特徵＋壓縮」，在一個卷積網路中可以不斷地重複使用這個單元。今天大型的卷積網路可能有幾百次這樣的重複，在這個例子裡，只重複了一次。

卷積網路為什麼這樣設計？為什麼分為卷積和全連接兩個不同的部分？簡單說是省了計算。如果用全連接多層網路，那麼輸入層要有 32×32=1024 個神經元，在 LeNet 中最後壓縮到 120 個。壓縮的原理就在於對識別一張圖像來說，只有圖像中的某些特徵是相關的。例如識別人臉，主要是五官的特徵有用，至於背景是藍天白雲還是綠樹紅花都無所謂。卷積的範本就是要提取出那些最相關的特徵。

注意，這裡範本並不需要事先設計好，範本中的各像素的數值，就是神經網路各層的加權係數。根據訓練數據的不同，通過前述的最陡下降法，範本各像素取值最終也不同（即訓練資料都是人臉和訓練資料都是動物最終演化出來的範本不同）。每一層使用多少個範本要在識別率和計算量之間找一個平衡，範本越多識別越準確，但計算量也越大。

附錄 2

迴圈神經網路 RNN 和
長——短時記憶網路 LSTM

迴圈神經網路 RNN

　　CNN 比較適合處理圖像，因為每幅圖像之間都沒有太多相關性，所以可以一幅一幅地輸入 CNN 裡。但許多非圖像資訊例如語音、天氣預報、股市等是一個連續的數值序列，不僅無法截成一段一段地輸入，前後之間還有很強的相關性。例如我們在

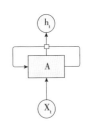

圖附 2.1 最簡單的 RNN

下面句子裡猜詞填空：「我是上海人，會講 ＿＿＿ 話。」在這裡如果我們沒有看到第一句「我是上海人」就很難填空。處理這一類問題最有效的神經元網路叫迴圈神經網路。圖附 2.1 是一個最簡單的 RNN。

　　這裡 Xt 是 t 時刻的輸入向量，A 是神經元網路，ht 是 t 時刻的輸出。注意到方框 A 有一個自我回饋的箭頭，網路 A 下一時刻的狀態依賴於上一時刻的狀態，這是 RNN 和 CNN 及全連接網路的最大的區別。為了更清楚地理解圖附 2.1，我們可以把每個離散時間網路的狀態都畫出來作成圖附 2.2。

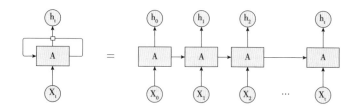

圖附 2.2 把 RNN 從時間上展開看

這個鏈狀結構展現出 RNN 與清單、資料流程等序列化資料的密切關係，而這類資料的處理也確實在使用 RNN 這樣的神經網路。在過去幾年中，將 RNN 應用於很多問題後，已經取得了難以想像的成功，例如語音辨識、語言建模、翻譯、圖像抓取等，而它所涉及的領域還在不斷地增加。

現在我們已經知道了 RNN 是什麼，以及基本的工作原理。下面我們通過一個有趣的例子來加深對 RNN 的理解：訓練一個基於字元的 RNN 語言模型。我們的做法是，給 RNN「餵」大段的文字，要求它基於前一段字元建立下一個字母的概率分布，這樣我們就可以通過前一個字母預測下一個字母，這樣可以一個字母一個字母地生成新的文字。舉一個簡單的例子，假設我們的字母庫裡只有 4 個字母可選：「h」「e」「l」「o」，我們想訓練出一個能產生「hello」順序的 RNN，這個訓練過程事實上是 4 個獨立訓練的組合。

（1）給出字母「h」後，後面大概率是字母「e」。

（2）給出字元「he」後，後面大概率是字母「l」。

（3）給出字元「hel」後，後面大概率還是字母「l」。

（4）給出字元「hell」後，後面大概率是字母「o」。

具體來說，我們可以將每個字母編碼成一個向量，這個向量除了該字母順序位元是 1，其餘位置都是 0（例如對於「h」而言，第一位是 1，其餘位置都是 0，而「e」則第二位是 1，其餘位置是 0）。之後我們把這些向量一次一個地「餵」給 RNN，這樣可以得到一個四維輸出向量序列（每個維度對應一個字母），這個向量序列我們可以認為是 RNN 目前認為每個字母即將在下一個出現的概率。

圖附 2.3 是一個輸入和輸出層為 4 維，隱含層為 3 個單元（神經元）的 RNN。圖中顯示了當 RNN 被「餵」了字元「hell」作為輸入後，前向傳遞是如何被啟動的。輸出層包括 RNN 為下一個可能出現的字母（字母表裡只有 h、e、

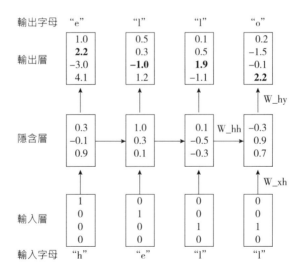

圖附 2.3 RNN 學習「hello」語句的訓練過程

l、o4 個字母）所分配的概率，我們希望輸出層加粗的數越大越好，輸出層其他的數越小越好。例如，我們可以看到在第一步時，RNN 看到字母「h」，它認為下一個字母是「h」的概率是 1.0，是「e」的概率是 2.2，是「l」的概率是 -3.0，是「o」的概率是 4.1。由於在我們的訓練資料（字串「hello」）中，正確的下一個字母是「e」，所以我們希望提升「e」的概率，同時降低其他字母的概率。同樣地，對於 4 步中的每一步，我們都希望網路能提升對某一個目標字母 310 的概率。由於 RNN 完全由可分的操作組成，因此我們可以採用反向傳播演算法來計算出我們應該向哪個方向調整每一個權量，以便提升正確目標的概率（輸出層裡的加粗數位）。

接下來我們可以進行參數調整，即將每一個權值向著剛才說的梯度方向微微調整一點，調整之後如果還將剛才那個輸入字元「餵」給 RNN，我們就會看到正確字母（例如第一步中的「e」）的分值提高了一點（例如從 2.2 提高到 2.3），而其他字母的分值降低了一點。然後我們不斷地重複這個步驟，直到整個網路的預測結果最終與訓練資料一致，即每一步都能正確預測下一個字母。需要注意的是，第一次字母「l」作為輸入時，目標輸出是「l」，但第二次目標輸出就變成了「o」，因此 RNN 不是僅僅根據輸入判斷，而是使用反覆出現的關係來瞭解語言環境，以便完成任務。

LSTM：記憶增強版 RNN

RNN 可以根據前一個字母預測出下一個字母。但有時候可能需要更前面的資訊，例如我們要填空「我在上海出生，一直待到高中畢業，所以我可以講 ＿＿＿ 話」。此時如果沒有看到第一句「我在上海出生」就猜不到填空的內容。為了解決這個問題，人們對 RNN 進行了改造，使其可以有更長的記憶。這就是長 - 短時記憶網路（LSTM）。

所有的 RNN 都是鏈狀的、模組不斷重複的神經網路，標準的 RNN 中，重複的模組結構簡單。如圖附 2.4 所示，每個模組由單個的 tanh 層組成。

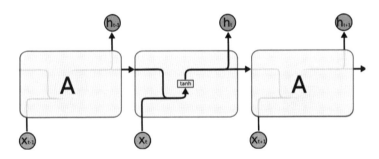

圖附 2.4 在標準的 RNN 中，重複的模組是單層結構

LSTM 也是鏈狀的，和 RNN 相比，其重複模組中的神經網路並非單層，而是有 4 層，並且這 4 層以特殊的形式相互作用。（見圖附 2.5）

在圖附 2.5 中，σ（希臘字母 sigma）是 sigmoid 函數，其定義如下：

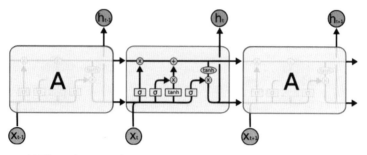

圖附 2.5 在 LSTM 中，重複模組中含有相互作用的 4 層神經網路

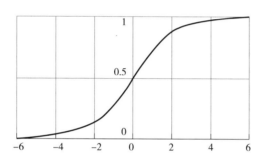

圖附 2.6 sigmoid 函數的圖形

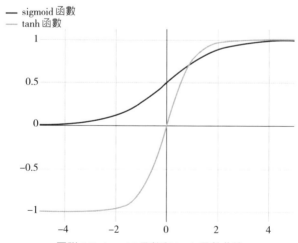

圖附 2.7 sigmoid 函數和 tanh 函數曲線

AI 背後的暗知識

$$\sigma(x) = \frac{1}{1+e^{-x}}$$

這個 sigmoid 函數的圖形如圖附 2.6 所示。

tanh 函數是 sigmoid 函數的放大平移版,它們之間的關係如圖附 2.7

不要被上面這麼多複雜的東西嚇著,我們等一下會詳述 LSTM 的結構。從現在開始,請試圖熟悉和適應我們將使用的一些符號。

在圖附 2.8 中左起,長方形表示已經學習的神經網路層;圓圈代表逐點運算,就像向量加法;單箭頭代表一個完整的向量,從一個節點的輸出指向另一個節點的輸入;合併的箭頭表示關聯;分叉的箭頭表示同樣的內容被複製並發送到不同的地方。

| 神經網路層 | 逐點運算 | 向量轉移 | 關聯 | 複製 |

圖附 2.8 LSTM 中使用的符號

LSTM 背後的核心

LSTM 的關鍵是單元狀態,即圖附 2.9 中上方那條貫穿單元的線。單元狀態有點像傳送帶,它在整個鏈條一直傳

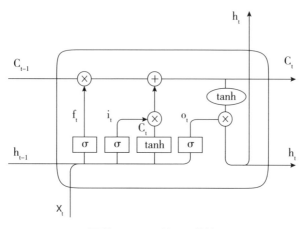

圖附 2.9 LSTM 的單元狀態

送下去，只有少數節點對它有影響，資訊可以很方便地傳
送過去，保持不變。

　　LSTM 對單元狀態有增加或
移除資訊的能力，但需要在一個
叫作「門」的結構下按照一定的
規範進行。「門」是有條件地
讓資訊通過的路徑，它由一個
sigmoid 神經網路層和一個逐點
乘法運算構成。

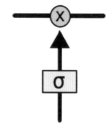

圖附 2.10
LSTM 的單元「門」結構

　　sigmoid 層輸出 0~1 的數值，表示每個要素可以通過的
程度，0 表示「什麼都過不去」，1 表示「全部通過」。一
個 LSTM 有 3 個這樣的「門」，用來保護和控制單元狀態。

附錄 3

CPU、GPU 和 TPU

　　GPU 是神經網路計算的引擎。圖附 3.1 是一個典型的神經網路，用輸出誤差來調節各層的權重係數，輸入陣列 X 通過參數矩陣運算進入下一層運算，每一層運算都是一次這樣的矩陣運算。

　　所謂矩陣運算，就是先把數位相乘再相加。

　　為了幫助那些沒有學過矩陣的讀者加深理解，現在我們只看圖附 3.2 中左邊輸入和第一層中一個神經元的關係：每一個輸入數字和圓圈裡的權重係數相乘，然後把所有的乘積加起來就得到一個值。例如，輸入有三個單元，分別

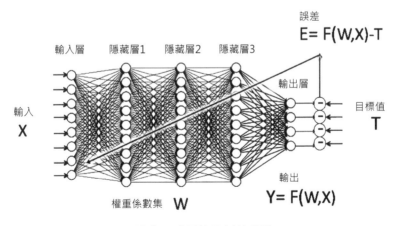

圖附 3.1 典型的深度神經網路

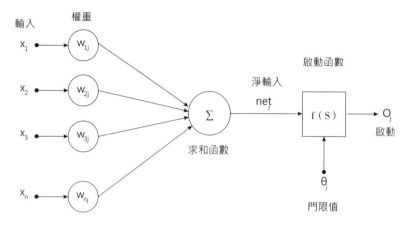

圖附 3.2　神經網路的一個單元內的計算

是（2，5，8），對應的權重係數分別是（2，-1，0.5），它們相乘後再相加是 2×2+5×（-1）+8×0.5=4-5+4=3。這個值再經過一個「非線性」處理：這個值如果大於 0 就取原值，小於 0 就取值為 0。注意這裡所有的相乘運算都可以同時進行，這就是所謂的可「並行運算」。我們剛才描述的僅僅是一個單元的計算方法，其他單元的計算方法也都一樣，也就是說不僅一個單元的計算是可以並行的，所有單元的計算都是可以同時進行的。

　　而 GPU 與 CPU 相比的優點正是在這裡。當年設計 CPU 時主要為了執行電腦程式，絕大部分電腦程式都是「串列」的，也就是後一個命令或計算要等前一個命令或計算的結果出來後才能執行。而 GPU 最初是為圖形處理用的，圖形處理的一個特點就是可以並行。例如，從一張圖中把所有的黑點找出來，就可以把一張圖分割成許多小圖同時

來找黑點。圖附 3.3 是 CPU 和 GPU 的結構對比，圖中左邊的 CPU 通常由一個控制器（Control）來給少數幾個功能強大的算術邏輯運算器（ALU）分配任務，而右邊的 GPU 通常由許多簡單的控制器（右圖最左邊一列方塊）來控制更多的算數運算單元組成（那些小格子）。在圖形和圖像

　　處理中大量的運算都是矩陣運算，所以 GPU 從第一天起就是為矩陣運算設計的，沒想到幾十年後的深度學習也主要是矩陣運算，這就是「天上掉下的餡餅」。

　　那麼在神經網路深度學習計算中 GPU 比 CPU 能好多少呢？一個極端的例子是在深度學習使用 GPU 之前，谷歌使用 16000 個 CPU 建造了一個超級深度學習網路，如圖附 3.4 所示，成本為數百萬美元。

　　幾年後，史丹佛大學只用幾個 GPU 就可以達到同樣的性能，成本只有 3 萬美元！即使考慮到晶片本身在幾年內

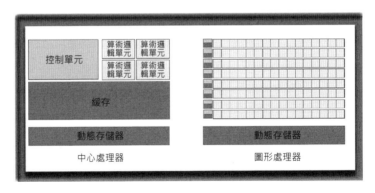

圖附 3.3 CPU 結構和 GPU 結構對比
圖片來源：https://www.quora.com/Does-CPU-vendors-feel-the-competition-from-GPUs-computational-power。

圖附 3.4 谷歌用 16000 個 CPU 搭建的深度學習「谷歌大腦」
圖片來源：https://amp.businessinsider.com/images/507ebdd2ec
ad045603000001-480-360.jpg。

的發展，這個比較也是驚人的。當然這個比較僅僅是比較
深度學習的矩陣運算，谷歌大腦還可以做很多其他的運算，
例如強化學習等。總體來說，CPU 適合串列運算，可以勝
任從航太到手機的各種不同複雜運算和處理，而 GPU 主要
用於簡單的並行運算，並不會取代 CPU。但是在圖形處理
和深度神經網路計算中，GPU 可以比 CPU 快 10 倍甚至百
倍。輝達 2017 年推出的用於自動駕駛的晶片 Xavier 已經達
到每秒 20 萬億次浮點計算。

　　2006—2017 年，單片 CPU 的處理能力提高了 50 倍。
50 倍的增長不是來自時鐘速度的提高（即單次運算變快），
而是來自在晶片中塞進更多的處理器。它的內核數量從 4
個變到 28 個，是原來的 7 倍。另外一個性能的提升來源於

AI 背後的暗知識

- CPU處理能力提高了50倍
- 從2006年的0.043萬億次浮點運算，到2017年的2萬億次浮點運算（單精度）
- 核心數量從4變到28

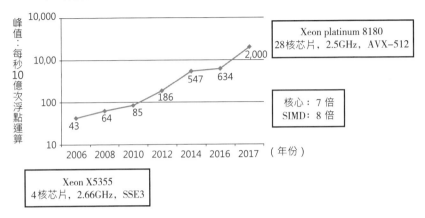

圖附 3.5　2006—2017 年 CPU 運算速度的進展
圖片來源：香港浸會大學褚曉文教授「深度學習框架大 PK」中的五大深度學習框架三類神經網路全面測評。

指令的寬度，2006 年一條指令只能處理 2 個單精確度的浮點運算，今天 512 位元的指令集中，一條指令可以同時處理 16 個單精確度的浮點運算，這就相當於 8 倍的性能提升。7×8=56，約 50 倍的運算速度提升就是靠更多的處理器得來的。

　　再看 GPU 在近十年的發展，圖附 3.6 是 GPU 和 CPU 的性能對比。2006 年輝達第一次發佈通用計算的 GPU8800GTX，當時它的性能已經達到 0.5 萬億次浮點運算（500GFlops），接下來的十年，大家可以看到 GPU 相對 CPU 的計算能力一直維持在 10~15 倍的比例。GPU 從過去的 128 個核心變成 5376 個核心，這個增長速度與 CPU 相同，

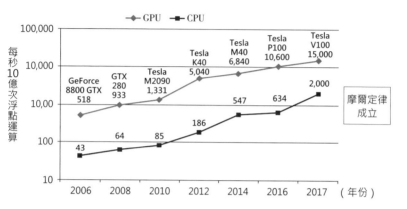

- ➤ CPU實現30倍峰值性能增長，17倍能量效率
- ➤ 從2006年的0.5萬億次浮點運算到2017年15萬億次（單精度）
- ➤ 從128個核心到5,376個核心

圖附 3.6　2006─2017 年 CPU 和 GPU 計算能力對比

圖片來源：香港浸會大學褚曉文教授「深度學習框架大 PK」中的五大深度學習框架三類神經網路全面測評。

所以 GPU 運算速度與 CPU 運算速度的比值一直保持不變。

其他幾家互聯網巨頭也不能眼睜睜地看著輝達控制著深度學習的命脈。谷歌就撈起袖子做了一款自用的 TPU，設計思路是這樣的：既然 GPU 通過犧牲通用性換取了在圖形處理方面比 CPU 快 15 倍的性能，為什麼不能進一步專注於只把神經網路需要的矩陣運算做好，進一步提高速度呢？ TPU 設計的核心訣竅有以下四點。

第一，圖形與影像處理需要很高的精度（通常用 32Bit 浮點精度），而用於識別的神經網路的參數並不需要很高的精度。

所以谷歌的第一款 TPU 就專門為識別設計，在運算上

AI 背後的暗知識

放棄 32Bit 的浮點運算精度，全部採用 8Bit 的整數精度。

　　第二，由於 8Bit 的乘法器比 32Bit 簡單 4×4=16 倍，所以在同等晶片面積上可以多放許多運算單元。谷歌的第一款 TPU 就有 65000 個乘加運算單元，相比最快的 GPU 只有 5300 個單元，多了不止 10 倍。

　　第三，不論在多核的 CPU 還是 GPU 中，目前的運算速度瓶頸都是記憶體的讀和寫。因為要被運算的資料都存在中央記憶體裡，而這些數位在運算時要分配到幾百上千個運算單元中，從記憶體到運算單元可謂「千里迢迢」，往返很費時間。在 TPU 裡為瞭解決這個問題，乾脆把運算單元擺成矩陣一樣，讓被運算的資料（例如神經網路的輸入資料）流淌過這些運算單元，從記憶體中提取一個資料就讓它和所有的權重係數都做完乘法，而不是像傳統 CPU 或 GPU 那樣提取一個資料只做一次運算就放回到記憶體，做下一次運算再千里迢迢從記憶體去取。這樣資料像波浪一樣一波一波湧來，所以叫脈動式計算。

　　第四，一個專注於矩陣運算的晶片不用考慮圖形處理時要考慮的許多其他事情，例如多執行緒、分叉預測、跳序執行等，這是由於脈動式計算省掉了許多暫存、緩存等。整個運算的指令只有矩陣運算和取非線性那麼幾個，例如讀數據、讀參數、相乘、累加、非線性、寫資料等。整個晶片和軟體都變得非常簡單，這樣可以做到每個時鐘週期執行一次指令。

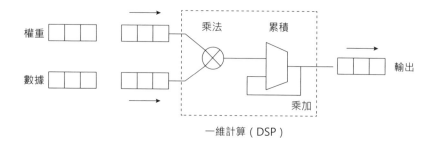

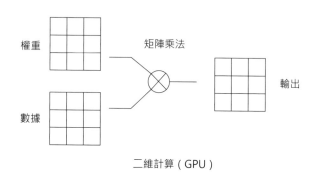

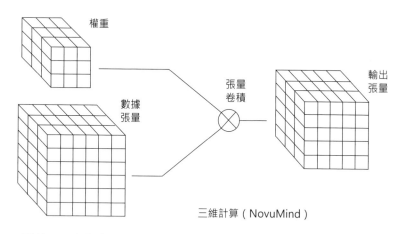

圖附 3.7　向量（一維）計算、矩陣（二維）計算和張量（三維）計算

圖片來源：https://mp.weixin.qq.com/s/e333KjLavEvvpNIL3u1Y4Q。

現在我們可以算一下 TPU 到底比 GPU 快多少了。谷歌第一代的 TPU 有 256×256=65536 個 8Bit 乘加器，時鐘是 700MHz，每秒能做的 8Bit 乘加運算=65536×700×10^6=46×10^{12} 次乘加運算，即 92 萬億次整數運算（92TOPS，一次乘加運算是兩次運算）。所以當谷歌宣稱比 GPU 快時，是用整數運算次數 OPS 和浮點運算次數 FLOPS 比。而 GPU 是以浮點運算為測量單位的，前面說過最新的輝達 Xavier 運算速度可達 20TFLOPS，這兩個不可直接相比，但如果在神經網路用於識別時（而不是用於訓練），浮點和整數運算造成的識別準確率差別不大，就可以說這款 TPU 比 GPU 快了 92/20=4.6 倍。對於谷歌這樣需要大量矩陣運算的公司可以節省許多買 GPU 的錢，並且加快了識別速度（例如谷歌翻譯、圖片識別等的幾億用戶非常在意處理速度），更重要的是把核心能力控制在了自己手裡。谷歌在雲服務方面沒有亞馬遜做得好，正在奮起直追，有了 TPU 則可以給用戶提供更快、更便宜的深度學習雲服務，所以谷歌的 TPU 目前只給自己用，不賣給別人。谷歌的第二代 TPU 已經能夠進行 32Bit 的單精確度浮點運算，這樣從訓練到識別都不需要買別人的 GPU 了。用浮點運算做識別還有一個好處就是通過浮點運算訓練出來的模型可以直接用於識別，而不是像第一代 TPU

　　那樣先要把那些 32Bit 的參數集都量化為 8Bit。但是通過剛才的討論，我們知道 TPU 更快的一個重要原因是放棄浮點運算，當 TPU 也需要浮點運算時，相比 GPU 的性

能提高就不會那麼大了。谷歌的第二代（TPU2.0）可以達到每秒 45 萬億次單精確度浮點運算，和輝達 Xavier 晶片比只快了一倍（TPU2.0 在 Xavier 之後出來，快一倍就不算什麼）。在 2018 年谷歌開發者大會上，谷歌又宣佈了第三代（TPU3.0），宣稱比 TPU2.0 快 8 倍。由於功耗的提高，所以第三代晶片已經需要液體製冷。一個第三代的 TPU 集群（一個機櫃）有 64 塊板卡，每塊板卡上有 4 個 TPU，總運算速度可以達到每秒 8×45×4×64=92160 萬億次浮點計算。

附錄 4

機器學習的主要程式設計框架

　　TensorFlow 是由谷歌大腦團隊開發的，主要用於機器學習和深度神經網路的研究。2016 年 5 月，谷歌從 Torch（一種程式設計框架）轉移到 TensorFlow，這對其他程式設計框架造成了打擊，特別是 torch 和 theano。許多人將 TensorFlow 描述成一個比 theano 更現代化的版本，吸取了這些年在新領域 / 技術的許多重要的經驗教訓。

　　TensorFlow 以智慧、靈活的方式而聞名，是一種高度可擴展的機器學習系統，使其更容易適應不同的新舊產品和研究，並且比較容易安裝，還針對初學者提供了教程，涵蓋神經網路的理論基礎和實際應用。TensorFlow比 theano 和 torch 慢，但谷歌和開源社區正在解決這個問題。TensorBoard 是 TensorFlow 的視覺化模組，它提供了一個計算路徑的直觀視圖。深度學習庫 Keras 被移植到 TensorFlow 上運行，這意味著任何用 Keras 編寫的模型現在都可以運行在 TensorFlow 上。最後，值得一提的是

TensorFlow 可以在各種硬體上運行。其特點如下。

（1）GPU 加速：支持。

（2）語言 / 介面：Python、Numpy、C++。

（3）平臺：跨平臺。

（4）維護者：谷歌。

theano

　　theano 起源於 2007 年在蒙特利爾大學的知名 MILA
（學習演算法研究所），是用 Python 編寫的 CPU/GPU 符號
運算式的深度學習編譯器。theano 功能強大，速度極快，
並且靈活，但通常被認為是一個底層框架。因此，原生
theano 更像是一個研究平臺和生態系統，而非深度學習庫，
它經常被用作高級程式庫的底層平臺，而這些高級庫給用
戶提供簡單的 API。theano 提供一些比較受歡迎的庫包括
Keras、Lasagne 和 Blocks。theano 的缺點之一是仍然需
要一個支援多 GPU 的方案。theano 的特點如下。

（1）GPU 加速：支持。

（2）語言 / 介面：Python，Numpy。

（3）平臺：Linux、MacOSX 和 Windows。

（4）維護者：蒙特利爾大學 MILA 實驗室。

AI 背後的暗知識

　　在所有常見的框架中，torch 可能是最容易啟動和運行的，特別是在使用 Ubuntu（一種開源電腦作業系統）的情況下。它允許基於神經網路的演算法在 GPU 硬體上運行，而不需要在硬體級別進行編碼。torch 在 2002 年由紐約大學開發，被 Facebook 和 Twitter 等大型科技公司廣泛使用，並得到輝達的支援。

　　Torch 是用一種叫作 Lua 的指令碼語言編寫的，這種語言很容易閱讀，但並不像 Python 那樣通用。有用的錯誤提示消息、大量的示例代碼 / 教程以及 Lua 的簡單性讓 torch 很容易上手。其特點如下。

（1）GPU 加速：支持。

（2）語言 / 介面：Lua。

（3）平臺：Linux、Android、MacOSX、iOS 和 Windows。

（4）維護者：Ronan、Clément、Koray 和 Soumith。

　　Caffe 被開發用於利用卷積神經網路的圖像分類 / 機器視覺，由 1000 多名開發人員推動其發展。Caffe 最出名的可能是 ModelZoo 模型，開發者無須編寫任何代碼就可以直接使用。

Caffe

Caffe 主要針對工業應用，而 torch 和 theano 是為研究量身打造的。Caffe 不適用於非電腦視覺深度學習應用，如文本、聲音或時間序列資料。Caffe 可以在各種硬體上運行，並且 CPU 和 GPU 之間的切換可以通過設置單個標誌來完成。Caffe 的運行速度比 theano 和 torch 要慢。其特點如下。

（1）GPU 加速：支持。

（2）語言 / 介面：C、C++、Python、MATLAB、CLI。

（3）平臺：Ubuntu、MacOSX、Windows 實驗版。

（4）維護者：伯克利視覺和學習中心（BVLC）。

Microsoft CNTK

CNTK 是微軟深度學習工具包，是微軟的開源深度學習框架。CNTK 在語音社區中比在一般深度學習社區中更為著名，可以用于圖像和文本訓練。CNTK 支援多種演算法，例 如 FeedForward、CNN、RNN、LSTM 和 Sequence-to-Sequence。它可以運行在許多不同的硬體類型上，包括多個 GPU。其特點如下。

AI 背後的暗知識

（1）GPU 加速：支持。

（3）語言／介面：Python、C++、C＃和 CLI。

（4）平臺：Windows、Linux。

（5）維護者：微軟研究院。

H₂O.ai

　　H2O 也稱為 H2O.ai，是世界上使用最廣泛的開源深度學習平台之一。它被全球超過 8 萬名資料科學家和研究人員以及超過 9000 家企業和組織所用，包括為全球最有影響力的一些公司開發關鍵任務資料產品。H2O 提供基於 Web 的使用者介面，同時可以訪問機器學習軟體庫，並開啟機器學習的過程。

　　維基百科中有一張表詳細列出了各主要程式設計框架的參數和特點，連結如下：https://en.wikipedia.org/wiki/Comparison_of_deep_

learning_software。

參考文獻

1. Polanyi,Michael,Personal Knowledge：Towardsa Post Critical Philosophy,London:Routledge,1958.

2. 邁克爾・波蘭尼 . 個人知識——邁向後批判哲學〔M〕. 貴州：貴州人民出版社，2000.

3. Polanyi,Michael,The Tacit Dimension,New York:Anchor Books,1967.

4. F.A.Hayek,The Sensory Order,University Chicago Press,1952.

5. 「知識的僭妄」。哈耶克 1974 年 12 月 11 日榮獲諾貝爾經濟學獎時的演說。摘錄自《哈耶克文選》（馮克利譯），河南大學出版社，2015 年版 .

6. 哈耶克 . 通往奴役之路〔M〕. 王明毅，馮興元等譯 . 北京：中國社會科學出版社，1997.

7. Lakna Panawala,Difference Between Horminesand Neurotransmitters,PEDIAA Reserch Gate June2017.

8. 電腦下棋簡史 .
   http://www.sohu.com/a/209845762_697750.

9. 卡斯帕羅夫自述 .
   http://www.dataguru.cn/article-11122-1.html.

10. AlphaGo Zero：將革命進行到底 .
    http://www.sohu.com/a/198990474_211120.

11. 亞瑟・撒母耳——機器學習之父 .
    http://www.360doc.com/content/16/0130/14/1609415_531664546.shtml.

12. Venture Capital Remains Highly Concentrated in Justa Few Cities.
    https://www.citylab.com/life/2017/10/venture-

capitalconcentration/539775.

13. 為什麼矽谷可以持續創新 .
    http://news.163.com/18/0124/05/D8T3ICJ600018AOP.html.

14. DeepLearning101——Part1:History and Background.
    https://beamandrew.github.io/deeplearning/2017/02/23/deep_
    learning_101_part1.html.

15. History of Neural Networks.
    http://www.psych.utoronto.ca/users/reingold/courses/ai/
    cache/neural4.html.

16. 人工智慧 60 年沉浮史 .
    http://news.zol.com.cn/576/5763702.html.

17. 一文讀懂人工智慧的前世今生 .
    http://tech.163.com/16/0226/15/BGOQVQP000094P0U.html.

18. 人工智慧發展史 .
    http://mini.eastday.com/mobile/161203062329556.html.

19. Geoffrey Hinton 對「深度學習」的貢獻 .
    http://www.52ml.net/1360.html.

20. 如今統治機器學習的深度神經網路，也曾經歷過兩次低谷 .
    http://news.zol.com.cn/632/6327901.html.

21. 達特茅斯會議：人工智慧的緣起 .
    http://www.sohu.com/a/63215019_119556.

22. 「Large-scaleDeep Unsupervised Learning using Graphics
    Processors」Proceedings of The 26 the International
    Conference On Machine Learning，Montreal，Canada，2009.

23. Afastlearning Algorithm For Deep Belief Nets，Geoffrey
    Hinton，Neural Computation 2006 Jul;18（7）:1527—1554.

24. 尼克 . 人工智慧簡史 [M]. 北京：人民郵電出版社，2017.

25. AnInteractive Node-Link Visualizationof Convolutional Neural
    Networks.Adam W.Harley（B）Departmentof Computer
    Science，Ryerson University，Toronto，ONM5B2K3，Canada.

26. Hopfield Network.
    http://www.doc.ic.ac.uk/~ae/papers/Hopfieldnetworks-15.pdf.

27. AnIntuitive Explanation of Convolutional Neural Networks Postedon August11，2016 byujjwalkarn.

28. Visualizingand Understanding Convolutional Networks. Matthew.Zeiler Zeiler @cs.nyu.eduDept.of Computer Science，CourantInstitute，NewYork University Rob Fergusfergus@cs.nyu.edu Dept.of Computer Science，CourantInstitute，NewYork University.

29. Colah'Blog:Understanding LSTM Networks Postedon August27，2015.

30. Rein for cement Learningandits Relationshipto Supervised Learning by AndrewG.Barto.

31. UCLA 朱松純：正本清源 : 初探電腦視覺的三個源頭、兼談人工智能。2016 年 11 月刊登於《視覺求索》微信公眾號。

32. Chelsea Finn.Learningto Learn. http://bair.berkeley.edu/blog/2017/07/18/learning-to-learn/.

33. Geoffrey Hinton.Deep Belief Net. https://www.cs.toronto.edu/~hinton/nipstutorial/nipstut3.pdf.

34. Geoffrey Hinton.A Faster Al gorithm of Deep Belief Net. https://www.cs.toronto.edu/~hinton/absps/fastnc.pdf.

35. 香港浸會大學褚曉文：基準評測 TensorFlow、Caffe、CNTK、MXNet、Torch 在三類流行深度神經網路上的表現 .

36. An In-depth look at Google's First TPU. https://cloud.google.com/blog/big-data/2017/05/an-in-depth-look-at-googles-first-tensorprocessing-unit-tpu.

37. NovuMind 異構智慧推 AI 晶片 NovuTensor，號稱世界第二 . https://www.leiphone.com/news/201710/GG9umC93Gtav2Eac.html.

38. MIT 重磅報告：一文看清 AI 商業化現狀與未來 . https://mp.weixin.qq.com/s/OoqwZfpqSL-g2-VoFI5HMg.

39. 一文讀懂人工智慧產業鏈，未來十年 2000 億美元市場 . https://mp.weixin.qq.com/s/CSOn1aukXscBio66F9Yoow.

40. 安防巨頭海康威視欲造 AI 晶片 .

https://baijiahao.baidu.com/s?id=1589110122686931084&wfr=s
pider&for=pc.

41. 類腦晶片：機器超越人腦的最後一擊.
https://mp.weixin.qq.com/s/5IZMrenLzOGP6H7dZEyLUw.

42. 易中天. 艱難的一躍〔M〕. 濟南：山東畫報出版社，2004.

43. Open AI Report:Aiand Compute.
https://blog.openai.com/ai-andcompute/.

44. SAE International J3016.

45. 谷歌無人車隊行駛超 300 萬英里.
http://www.12365auto.com/news/20170512/284472.shtml.

46. Boston Consulting Group Research Report，「The End of Car
Ownership「quoted by WSJ6/21/17article.

47. Car Ownership Cost.
https://www.usatoday.com/story/news/nation/2013/04/16/aaa-
car-ownership-costs/2070397/.

48. Car Sharing Reduces Car Ownership.
https://techcrunch.com/2016/07/19/car-sharing-leads-to-
reduced-car-ownership-and-emissions-in-citiesstudy-finds/.

49. Only 20% American Will Own Carin 15Years.
http://www.businessinsider.com/no-one-will-own-a-car-in-
the-future-2017-5.

50. 全國地鐵平均速度.http://tieba.baidu.com/p/2810501188.

51. KPMG:AutoInsurance Market Shrink 60% in 2040.
http://www.insurancejournal.com/news/
national/2015/10/23/385779.htm.

52. ChinaPlug-inSalesfor2017-Q4andFullYear-Update.
http://www.ev-volumes.com/country/china/.

53. UberStatistics.
https://expandedramblings.com/index.php/uberstatistics/.

54. 迎接中國汽車寡頭.
http://www.sohu.com/a/133148354_619410.

55. First FDA Approval for Clinical Deep Learning.

https://www.forbes.com/sites/bernardmarr/2017/01/20/first-fda-Approval-for-clinicalcloud-based-deep-learning-in-healthcare/#27db74b0161c. 56.DeepLearningInIdentifyingSkin Cancer.

https://news.stanford.edu/2017/01/25/artificial-intelligence-used-identify-skin-cancer/.

57. 2015 中國癌症統計資料.

http://www.medsci.cn/article/show_article.do?id=06d5626900b.

58. 中國醫療人工智慧產業資料圖譜.

https://36kr.com/p/5070264.html.

59. AI Beats Doctorin Predicting Heart Attack.

http://www.sciencemag.org/news/2017/04/self-taught-artificial-intelligence-beats-doctorspredicting-heart-attacks.

60. 英國《放射學》（Radiology）雜誌文章.

61. AI learnsto Predict Heart Failure.

https://lms.mrc.ac.uk/artificialintelligence-learns-predict-heart-failure/.

62. 協和醫院上線語音錄入系統.

http://www.sohu.com/a/109238078_239807.

63. CBInsights 發佈最佳 AI 企業 Top100，醫療健康公司都在做什麼？

https://www.leiphone.com/news/201701/VrAtqlG49GLdUIEF.html.

64. 機器人進軍醫療領域，智慧導診準確率高達 95% 以上.

http://www.qudong.com/article/392391.shtml.

65. AI 將是下一個新藥研發的風口？

https://mp.weixin.qq.com/s/7PqysjFqaYzuLwlcMY6mWQ.

66. 重磅！AI+ 金融深度專題報告出爐.

https://mp.weixin.qq.com/s/frBlDEqrCFVP-V_1YXxaQ.

67. 人工智慧在金融領域應用的初步思考.

http://36kr.com/p/5051729.html.

68. AI 在金融領域的應用丨「AI+ 傳統行業」全盤點 .
https://www.leiphone.com/news/201703/bSH09UT2DUaXyV90.html.

69. AI+ 金融 = 量身客製 .
http://www.sohu.com/a/157838797_534692.

70. 第一財經研究院和埃森哲聯合調研完成的《未來銀行創新報告 2017》.

71. 彭蘭丨智媒化：未來媒體浪潮——新媒體發展趨勢報告（2016）.
http://www.jfdaily.com/news/detail?id=45095.

72. 中國新媒體趨勢報告 .
http://www.sohu.com/a/205208614_721863.

73. 每年寫 15 億篇財經報導 .
https://automatedinsights.com/blog/naturallanguage-generation-101.

74. The Multi-Billion Robtics Market.
http://fortune.com/2016/02/24/robotics-market-multi-billion-boom/.

75. AI 在教育領域的六大應用丨「AI+ 傳統行業「全盤點 .
http://news.zol.com.cn/631/6315925.html.

76. 音樂教學 .
https://mp.weixin.qq.com/s/kMUdbs6-Iz9Nv1iO9UwGrA.

77. AI+ 教育的四點思考：人工智慧發展對教育有何影響 ?.
http://www.woshipm.com/ai/621701.html.

78. 互聯網教育已過時 ? AI 教育或顛覆時代 .
http://tech.ifeng.com/a/20180313/44906078_0.shtml.

79. Identification and Recognition.
https://www.axis.com/files/feature_articles/ar_id_and_recognition_53836_en_1309_lo.pdf.

80. 音樂教學 .
https://mp.weixin.qq.com/s/kMUdbs6-Iz9Nv1iO9UwGrA.

81. IBM 報告解讀——人機交融：智慧自動化如何改變業務運營模式 .
https://mp.weixin.qq.com/s/TiAAkgB0OzU6speto34dYQ.

82. 《我對深度學習的十點擔憂》：一篇引發人工智慧業「地震」的文章.
   https://mp.weixin.qq.com/s/Tt3ipVPWDc17DoM0l995kw.

83. A Faster Wayto Make Bose-Einste in Condensates.
   http://news.mit.edu/2017/faster-way-make-bose-einstein-condensates-1123.

84. Self Improving AI.
   https://singularityhub.com/2017/05/31/googles-aibuilding-ai-is-a-step-toward-self-improving-ai/.

85. 金觀濤. 控制論與科學方法論〔M〕. 北京：新星出版社，2005.

86. 金觀濤，劉青峰. 中國思想史十講〔M〕. 北京：法律出版社，2015.

87. 金觀濤，淩鋒，鮑遇海等. 系統醫學原理〔M〕. 北京：中國科學技術出版社，2017。

88. M.A. 阿爾貝爾. 大腦，機器和數學〔M〕. 朱熹豪，金觀濤譯. 北京：商務印書館，1982。

89. The Unreasonable Effectiveness of Recurrent Neural Networks.
   http://karpathy.github.io/2015/05/21/rnn-effectiveness/.

90. Generating Chinese Classical Poemswith Statistical Machine Translation Models: Proceedings of the Twenty - Sixth AAAI Conference on ArtificialIntelligence.

91. 當 AI 邂逅藝術：機器寫詩綜述.
   https://zhuanlan.zhihu.com/p/25084737.

92. AI Painting.
   https://www.instapainting.com/ai-painter-2. 93.Creative Adversary Network，CAN.
   https://news.artnet.com/artworld/rutgers-artificial-intelligence-art-1019066.

94. AI Art Looks More Convincing that Art Basel.
   https://news.artnet.com/art-world/rutgers-artificial-intelligence-art-1019066.

95. AI Artist PanCreatItis OwnStyle.

AI 背後的暗知識

http://www.dailymail.co.uk/sciencetech/article-4652460/The-AI-artist-create-painting-style.html.

96. Facebook CAN:AI 賦予藝術創新能力.
    http://www.sohu.com/a/152530599_651893.

97. AI Can Write Music.
    https://futurism.com/a-new-ai-can-write-musicas-well-as-a-human-composer/.

98. AI Bests Air force Expert.
    https://arstechnica.com/informationtechnology/2016/06/ai-bests-air-force-combat-tactics-experts-insimulated-dogfights/.

99. Artificial Intelligence and the Future Of Warfare.
    https://www.chathamhouse.org/publication/artificial-intelligence-and-futurewarfare.

100. 人工智慧重塑未來戰爭格局.
    https://mp.weixin.qq.com/s/SVwJIEfqgc218zGqIMuorg.

101. 哈耶克. 通往奴役之路〔M〕. 北京：中國社會科學出版社，2015.

102. 哈耶克. 致命的自負〔M〕. 北京：中國社會科學出版社，2015.

103. How Much Information Is There In The World?.
    http://www.lesk.com/mlesk/ksg97/ksg.html.

104. Google Robotics Arms.
    https://www.theverge.com/2016/3/9/11186940/google-robotic-arms-neural-network-hand-eye-coordination.

105. 馬斯克的 Neurallink 到底是幹啥的？.
    https://www.guokr.com/article/442222/.

106. 美國研發新技術：腦機介面讓人用思維群控無人機.
    https://www.cnbeta.com/articles/science/663209.htm.

107. 從腦機介面到駭客帝國，你需要提前知道的真相.
    https://baijiahao.baidu.com/s?id=1570583959345425&wfr=spider&for=pc.

108. 用「腦機介面「挑戰阿爾茨海默病.

http://www.news.uestc.edu.cn/?n=UestcNews.Front.
Document.ArticlePage&Id=6

109. 解碼腦機介面 .
http://www.sohu.com/a/164734099_650049.

110. 腦機介面讓人用思維控制無人機群 .
https://www.cnbeta.com/articles/science/663209.htm.111.
Wealth Taxationand Wealth Inequality.Evidence from Denmark
1980-2014.

112. Amsterdam，B.（1972）.MirrorSelf-Image Reactions
Beforethe Ageof Two. Developmental Psychology 5:297—305.

113. The Quest for Consciousness:Aneurobiological Approach.1st
Editionby Christ of Koch,Former Caltech Prof.now AllenInstitute
President.

114. Conscious Machines Are Here:
https://towardsdatascience.com/conscious-machines-are-
here-whats-next-d601ac4e638e.

115. 對抗超級人工智慧的「新人類」?.
https://mp.weixin.qq.com/s/2w1l9oYNWb3xSOcoLNr4gQ.

116. 人機關係思考：人與機器的共生 .
https://mp.weixin.qq.com/s/upLSbNf5PfDdjQkniyJ1QA.

117. 人工智慧的若干倫理問題思考 .
https://mp.weixin.qq.com/s/DrtbKvJcsM6P6_VxOQBIg.

118. 鄭永年 . 人類不平等與「牧民社會」的崛起 .
https://www.zaobao.com.sg/zopinions/views/
story2018-04-10-849600.

.